Padmalochana K

Andrographis Paniculata & Sesbania Grandiflora A Medicina Hepatorenal

Padmalochana K

Andrographis Paniculata & Sesbania Grandiflora A Medicina Hepatorenal

Um remédio natural para o fígado e rim

Imprint

Any brand names and product names mentioned in this book are subject to trademark, brand or patent protection and are trademarks or registered trademarks of their respective holders. The use of brand names, product names, common names, trade names, product descriptions etc. even without a particular marking in this work is in no way to be construed to mean that such names may be regarded as unrestricted in respect of trademark and brand protection legislation and could thus be used by anyone.

Cover image: www.ingimage.com

This book is a translation from the original published under ISBN 978-613-9-89210-5.

Publisher:
Sciencia Scripts
is a trademark of
Dodo Books Indian Ocean Ltd. and OmniScriptum S.R.L publishing group

120 High Road, East Finchley, London, N2 9ED, United Kingdom
Str. Armeneasca 28/1, office 1, Chisinau MD-2012, Republic of Moldova, Europe
Printed at: see last page
ISBN: 978-620-5-79334-3

Índice:

I. *Andrographis Paniculata* & *Sesbania Grandiflora*- Uma medicina Hepatorenal

K Padmalochana

Chefe e Prof. de Bioquímica, Sri Akilandeswari Women's College,

Wandiwash - 604 408, Distrito de Tiruvannamalai, TN, Índia

INTRODUÇÃO ÀS ERVAS

As plantas têm um longo historial de utilização no tratamento do cancro. Foram realizados vários estudos sobre ervas sob uma multiplicidade de motivos etnobotânicos. Por exemplo, a Hartwell recolheu dados sobre cerca de 3000 plantas, sendo as que possuem propriedades anticancerígenas utilizadas posteriormente como potentes drogas anticancerígenas [Chandelet al, 1996]. Os metabolitos secundários das plantas e os seus derivados semi-sintéticos continuam a desempenhar um papel importante na terapia medicamentosa anticancerígena. Estes incluem vinblastina, vincristina, os derivados da camptotecina, topotecana e irinotecana, etoposida, derivados da epipodofilotoxina e paclitaxel (taxol).

Vários novos agentes promissores estão em desenvolvimento clínico com base na actividade selectiva contra alvos moleculares relacionados com o cancro, incluindo flavopiridol e combretastin A4 fosfato, e alguns agentes que falharam em estudos clínicos anteriores estão a estimular um interesse renovado. Sessenta por cento dos agentes anticancerígenos actualmente utilizados são derivados de uma ou outra forma de fontes naturais [Serti,2001]. A utilização de plantas para remédios medicinais é parte integrante da vida cultural indiana e é pouco provável que isto se altere nos próximos anos.

Muitos curandeiros e ervanários tradicionais no estado de Chhattisgarh, na Índia, têm vindo a tratar doentes com cancro há muitos anos utilizando várias espécies de plantas medicinais [Ramesh,1999]. Assim, tem sido feita uma tentativa de rastrear algumas plantas medicinais utilizadas para a prevenção e tratamento do cancro no estado de Chhattisgarh, Índia.sabe-se que os dados etnomédicos fornecem uma probabilidade substancialmente maior de encontrar plantas activas em relação à abordagem aleatória. A proliferação descontrolada é uma propriedade universal das células tumorais. A investigação do mecanismo de controlo do crescimento celular tem contribuído para a compreensão da carcinogénese e para a identificação de compostos com actividade antitumoral específica.

Foi criado nos EUA um Centro Nacional de Medicina Complementar e Alternativa. Os produtos à base de plantas foram classificados em "suplementos alimentares" e estão incluídos com vitaminas, minerais, aminoácidos e "outros produtos destinados a complementar a dieta". Estima-se que 27 milhões de sul-africanos utilizam medicamentos à base de plantas medicinais de mais de 1020 espécies de plantas. De facto, existem várias plantas medicinais em todo o mundo, incluindo a Índia, que estão a ser utilizadas tradicionalmente para a prevenção e tratamento do cancro.

Contudo, apenas algumas plantas medicinais atraíram o interesse dos cientistas em investigar o remédio para a neoplasia (tumor ou cancro). Assim, foi feita uma tentativa de rever algumas plantas medicinais utilizadas para a prevenção e tratamento do cancro em países estrangeiros.(Meyer etal., 1996) O cancro é o crescimento descontrolado de células anormais no corpo. As células cancerosas são também chamadas células malignas. O cancro cresce a partir de células normais do corpo. As células normais multiplicam-se quando o corpo precisa delas, e morrem quando o corpo não precisa delas. O cancro parece ocorrer quando o crescimento de células no corpo está fora de controlo e as células se dividem demasiado depressa.

As células cancerosas expressam a enzima e os receptores que estão envolvidos no ciclo celular, crescimento celular e replicação do ADN, ou seja, a quinase 2 dependente da ciclina (CDK 2), CDK-6, topoisomerases I e II do ADN, linfoma de células B 2 (Bcl-2), receptor do factor de crescimento endotelial vascular 2 (VEGFR-2), e o telómero: G-quadruplexes que são os potenciais alvos moleculares para a concepção dos medicamentos anticancerígenos (Narumol e Jiraporn, 2010).CDK-2 e CDK-6 são os Ser/Thr kinases dependentes da ciclina, que desempenham papéis importantes no controlo do ciclo celular, apoptose, transcrição e funções neuronais e só se tornam activos quando associados a um parceiro regulador (por exemplo, ciclinas ou outras proteínas) (Dai e Grant, 2003; Huwe *et al.*, 2003)

As topoisomerases I e II do ADN são essenciais para a sobrevivência das células e têm papéis críticos no metabolismo e estrutura do ADN. A topoisomerase I gere as tensões superhelicas do ADN através da clivagem de uma fita de ADN duplex, seguida do desenrolamento do ADN super enrolado, enquanto que a topoisomerase II causa quebras transitórias em ambas as fitas de ADN (Been e Champoux, 1984; Pommier et al.,1998). A Bcl-2 é uma proteína humana normal. A Bcl-2 e os seus membros da família das proteínas desempenham um papel fulcral na regulação do processo apoptótico. A família Bcl-2 inclui proteínas anti- e pró-apoptóticas com funções biológicas opostas para inibir ou promover a morte celular. Níveis elevados de Bcl- 2 estão associados à maioria dos tipos de cancro humano (Huang, 2000).

VEGFR-2, um receptor de superfície celular para VEGF (uma proteína mitogénica específica para células endoteliais vasculares), tem demonstrado ser expresso exclusivamente em células endoteliais. Desempenha um papel fundamental na angiogénese e no crescimento de uma variedade de tipos de tumor (Strawn *et al.*, 1996). A enzima telomerase é uma transcriptase inversa responsável pela manutenção do ADN telomérico (telómeros) no final dos cromossomas (Haider *et al.*, 2003; Patel *et al.*, 2007). Ainda não existem medicamentos extremamente eficazes para tratar a maioria dos cancros; além disso, muitos tratamentos de cancro são muito caros (Yizhong *et al.*, 2004).

As ervas têm sido utilizadas para um tempo incontável para vários fins como curar os doentes e enfermos. Ao contrário dos medicamentos de alta dosagem sintetizada quimicamente, que podem produzir muitos efeitos secundários, as ervas podem efectivamente realinhar as defesas do corpo. A Organização Mundial de Saúde (OMS) estima que 80 por cento da população mundial utiliza actualmente ervas medicinais para alguns aspectos dos cuidados de saúde primários. De acordo com a OMS, aproximadamente 25% dos medicamentos modernos utilizados nos Estados Unidos foram derivados de plantas. O potencial da utilização de produtos naturais como agentes anticancerígenos foi reconhecido nos anos 50 pelo Instituto Nacional do Cancro (NCI) dos EUA e desde então tem dado grandes contribuições para a descoberta de novos agentes anticancerígenos naturais (Cragg e Newman, 2005).

Introdução à *Andrographis paniculata*

Andrographis paniculata é uma planta que tem sido efectivamente utilizada em medicamentos asiáticos tradicionais durante séculos. A sua propriedade "purificadora do sangue" resulta na sua utilização em doenças onde as "anomalias" do sangue são consideradas causas de doenças, tais como erupções cutâneas, furúnculos, sarna e febres crónicas indeterminadas. A parte aérea da planta, utilizada medicinalmente, contém um grande número de constituintes químicos, principalmente lactonas, diterpenóides, glicosídeos diterpenóides, flavonóides, e glicosídeos flavonóides. Os ensaios clínicos controlados relatam a sua utilização segura e eficaz para reduzir os sintomas de infecções das vias respiratórias superiores não complicadas. Uma vez que muitas das doenças normalmente tratadas com *Andrographis paniculata* nos sistemas médicos tradicionais são consideradas auto-suficientes, os seus supostos benefícios precisam de uma avaliação crítica (Akbar, 2011).

Andrographis paniculata cresce amplamente em muitos países asiáticos, tais como China, Índia, Tailândia e Sri Lanka e tem uma longa história de uso terapêutico na medicina indiana e oriental. A erva é oficial na farmacopeia indiana como constituinte predominante de pelo menos 26 formulações ayurvédicas utilizadas no tratamento de doenças hepáticas. É uma das ervas, que pode ser usada para tratar neoplasma, como mencionado na literatura ayurvédica antiga. *Andrographis paniculata* é relatada como uma erva de propriedade fria na medicina tradicional chinesa (MTC) e é utilizada para se livrar do calor corporal e expelir toxinas (Majee *et al.*, 2011). O quadro 1 representa a taxonomia da *Andrographis paniculata* (Alireza *et al.*, 2011).

Andrographolide, um princípio amargo obtido de *Andrographis paniculata* é uma lactona diterpeno, responsável por várias actividades farmacológicas. É um fitoconstituinte bem conhecido do Sistema Indiano de Medicina, utilizado na gestão de diferentes doenças desde tempos imemoriais. As actividades de investigação a nível mundial para exibir o papel benéfico do Andrographolide estão continuamente a enriquecer o arsenal terapêutico desta importante fitolécula. Para além das conhecidas actividades farmacológicas como hepatoprotector, antioxidante, hipoglicémico, etc., os recentes avanços na gestão do sistema imunitário e das doenças neoplásicas fazem do andrographolide a fitolécula da hora (Maiti *et al.*, 2006). O valor terapêutico da *Andrographis paniculata* deve-se ao seu mecanismo de acção que é talvez por indução enzimática (Meenatchisundaram *et al.*, 2009). *Andrographis paniculata* cresce erecto até uma altura de 30- 110 cm em locais húmidos e sombreados. O caule esguio é verde escuro, quadrado na secção transversal com sulcos longitudinais e asas ao longo dos ângulos. As folhas em forma de lança têm lâminas sem pêlos que se estragam até 8 centímetros de comprimento por 2,5 de largura. As pequenas flores são carregadas em racimos de propagação. O fruto é uma cápsula de cerca de 2 centímetros de comprimento e alguns milímetros de largura. Contém muitas sementes castanhas amarelas (Kumar *et al.*, 2012). A figura 1 representa a imagem de A. paniculata.

Quadro 1. Taxonomia de *Andrographis paniculata*.

Reino	**Plantae, plantas**
Sub-reino	Tracheobionta. plantas vasculares
Superdivisão	Spermatophyta, plantas de semente
Divisão	Angiosperma
Classe	Dicotyledonae
Subclasse	Gamopetalae
Série	Bicarpellatae
Encomenda	Pessoais
Tribos	Justicieae
Família	Acanthaceae
Género	*Andrographis*

As folhas de *Andrographis paniculata* contêm princípio activo máximo como andrographolide, homo-andrographolide andrographolide e andrographopne. O andrographolide é o principal constituinte das folhas que é a substância amarga. Verificou-se que as folhas da erva contêm a maior quantidade de andrographolide e que as sementes contêm a menor quantidade. O teor médio de andrographolide variou de 12,44 a 33,52 mg/g em folhas secas encontradas no máximo aos 90-120 dias (Parashar *et al.*, 2011).

Andrographis paniculata está a ser usada principalmente para o tratamento de febre, doenças hepáticas, diabetes, picada de cobra (Patidar *et al.*, 2011). É também utilizado como antibiótico, antiviral, antimicrobiano, anti-inflamatório, anticancerígeno, anti-HIV, antialérgico (Jegathambigai *et al.*, 2010). É também utilizado para constipação comum, actividade hepatoprotectora, antipalúdica, antidiarreica e intestinal, actividade cardiovascular, actividade antifertilidade, redução da dor (Jarukamjorn e Nemoto, 2008). Possui também actividade antifúngica, actividade coleréctica e no sistema Unani de medicina, é considerado aperiente, emoliente, adstringente, diurético, emmenagogo, tónico gástrico, carminativo. é recomendado para uso em casos de lepra, gonorreia, sarna, furúnculos, erupções cutâneas, febres crónicas e sazonais, laringolaringite, disenteria, tosse com expectoração espessa, carbúnculo, feridas (Akbar, 2011). Tem também potencial para ser utilizada como herbicida e é utilizada como antiartrite (Alireza *et al.*, 2011).

Actividade antioxidante

O extracto hidroalcoólico de *Andrographis paniculata* possui actividade antioxidante contra alterações oxidativas no miocárdio e confere actividade cardioprotectora significativa ao ajudar a manter a função cardíaca de forma normal (Ojha *et al.*, 2009). Estudos antioxidantes in vitro utilizando o ensaio de 2,2-difenil-1-picril-hidrazil (DPPH) mostraram que os extractos de etanol têm uma actividade de absorção de radicais livres superior com valor de IC50 = 10,9 do que os extractos aquosos com valor de IC50 = 24,65. Este estudo mostrou que o pré-tratamento com extracto etonólico de *Andrographis paniculata* etanolic forneceu propriedades antioxidantes significativas (Wasman *et al.*, 2011). Os compostos antioxidantes activos são melhor extraídos em metanol para *Andrographis paniculata*. Também sugeriu que existe uma correlação directa entre o total de polifenóis extraídos e a actividade antioxidante. O extracto de metanol das folhas da *Andrographis paniculata* exibiu uma actividade apreciável, indicando que a *Andrographis paniculata* tem uma promissora actividade de limpeza dos radicais livres (Sharma e Joshi, 2011).

A avaliação da propriedade antioxidante da *Andrographis paniculata* foi feita empregando três métodos diferentes: DPPH, peroxidação lipídica e ensaio de protecção de clivagem de ADN. Tanto no método DPPH como no método de peroxidação lipídica, foram utilizados ácido gálico e a- tocoferol como antioxidante padrão para comparação com a propriedade antioxidante da *Andrographis paniculata*. Enquanto na clivagem do ADN, o plasmídeo pBS foi utilizado para avaliar a actividade protectora da *Andrographis paniculata*. No método DPPH, o RSC (radical scavenging capacity) do extracto vegetal foi medido espectrofotometricamente a 512 nm. A actividade de inibição da peroxidação lipídica do extracto de planta também foi avaliada tomando a absorvância do complexo de cor rosa formado a 535nm. No ensaio de protecção de clivagem de ADN, o padrão electroforético do ADN após fotolise induzida por UV H2O2 - danos oxidativos foram diferentes na ausência e presença de extracto metanólico de planta. Nos ensaios antioxidantes acima mencionados, o extracto metanólico de *Andrographis paniculata* mostrou uma maior actividade antioxidante do que os extractos metanólicos de água (Huidrom e Deka, 2012).

Os efeitos benéficos das propriedades antioxidantes *Andrographis paniculata* foram estudados nos animais diabéticos. A diabetes foi induzida com uma única injecção intraperitoneal de estreptozotocina (45 mg/kg, i.p) dissolvida em tampão citrato recentemente preparado (pH 4,5), resultou na elevação dos níveis de glicose no sangue, diminuição da actividade da superóxido dismutase e da catalase. A administração oral de *Andrographis paniculata* (400 mg/kg, p.o) resultou numa diminuição significativa dos níveis de glicose no sangue e no aumento da actividade da SOD e da catalase. Estudo demonstra que *Andrographis paniculata* (400mg/kg, p.o) mostrou potencial actividade antioxidante (Dandu e Inamdar, 2009). Para a estimativa da actividade antioxidante da *Andrographis paniculata* foi utilizada uma concentração diferente de pg ml de extracto etanolico (200pg a 1000pg ml). Inicialmente 200 a 400 pg ml aumenta a amostra de trabalho e a inibição também aumentou. Foi demonstrada uma concentração adicional de 400 -1000pg/ml que diminuiu a relação da actividade. Finalmente, foi observado 91,01% da actividade antioxidante máxima na concentração de 1000pg/ml (Doss e Kalaichelvan, 2012). Os extractos de folhas mostraram o maior potencial antioxidante seguido de extractos de caules e frutos com os ensaios de hemólise de eritrócitos de coelho e de actividade superóxida dismutase. No entanto, os extractos de fruta *Andrographis paniculata* exibiram a maior actividade de desmancha de radicais livres DPPH em comparação com os outros extractos (Rafat *et al.*, 2010).

Actividade anticancerígena

Foram isolados três compostos de clorofórmio e extracto metanólico de *Andrographis paniculata* que foram codificados como AND-6, AND-4, AND-11. Entre esses AND-4 possuem actividade citotóxica contra as linhas celulares cancerígenas Hep G2,HCT-116 usando o ensaio MTT (Mulukuri *et al.*, 2011).

Andrographolide isolado de *Andrographis paniculata* a 0,35 mM , 0,70 mM e 1,40 mM induziu a fragmentação do ADN e aumentou a percentagem de células apoptóticas quando a linha de células de cancro da mama humana TD-47 foi tratada durante 24, 48 e 72 horas. Os resultados demonstraram que o andrographolide pode induzir a apoptose na linha de células TD-47 do cancro da mama humano de uma forma dependente do tempo e da concentração, aumentando a expressão de p53, bax, caspase-3 e diminuindo a expressão de bcl-2 determinada pela análise imunohistoquímica (Harjotaruno *et al.*, 2007).

O extracto metanólico de *Andrographis paniculata* foi fraccionado em diclorometano, éter de petróleo e extractos aquosos, e submetido a rastreio para bioactividade. Os resultados indicam que a fracção de diclorometano do extracto metanólico retém os compostos activos que contribuem tanto para a actividade anticancerígena como imuno-estimuladora. A fracção de diclorometano inibe significativamente a proliferação de células HT-29 (cancro do cólon) e aumenta a proliferação de linfócitos do sangue periférico humano (HPBLs) a baixas concentrações. Em mais fracções do extracto de diclorometano poderíamos isolar três compostos de diterpeno, exemplo andrographolide,14- desoxiandrographolide e14-deoxy-11 ,12-didehidroandrographolide.

Andrographolide mostrou actividade anticancerígena em diversas células cancerígenas representando diferentes tipos de cancros humanos. Enquanto que as três moléculas mostraram uma maior proliferação e indução de interleucina-2 (IL-2) em HPBLs (Kumar *et al.*, 2004). A avaliação GC-MS do extracto de folhas etanolicas de *Andrographis paniculata* revelou que os compostos tetradecanóicos, fitotol, squalene e sitosterol tinham propriedades anticancerígenas (Kalaivani *et al.*, 2012).

Actividade Hepatoprotectora

Numa investigação realizada para estudar a actividade da *Andrographis paniculata* na actividade protectora do fígado, hepatotoxicidade aguda induzida pelo paracetamol (150 mg/kg) em ratos albinos suíços. A administração oral de extracto de *Andrographis paniculata* (100-200mg/kg) ofereceu uma dose significativa de protecção dependente contra a hepatotoxicidade induzida pelo paracetamol, avaliada em termos de parâmetros bioquímicos e histopatológicos.

O estudo revelou que os extractos de *Andrographis paniculata* ofereciam protecção contra a hepatotoxicidade induzida pelo paracetamol (Nagalekshmi *et al.*, 2011).

O efeito do extracto de *Andrographis paniculata* foi estudado nos danos hepáticos induzidos pelo etanol em ratos. Foi encontrado um tratamento com extracto aquoso de *Andrographis paniculata* (50mg/kg, 100mg/kg, 200mg/kg de peso corporal) para proteger o rato da acção da toxina hepato do etanol e evidenciou-se uma redução significativa dos níveis elevados de transaminase sérica (Vetriselvan *et al.*, 2010).

Actividade antimicrobiana

O extracto de etanol da parte aérea da *Andrographis paniculata* foi preparado e avaliado para actividade antimicrobiana contra onze estirpes bacterianas, determinando a concentração inibitória mínima e a zona de inibição. Os valores da concentração inibitória mínima foram comparados com o controlo e os valores da zona de inibição foram comparados com a ciprofloxacina padrão em concentração 100 e 200 pg ml. Os resultados revelaram que, o extracto de etanol é potente na inibição do crescimento bacteriano tanto de bactérias Gramnegativas como de bactérias Gram positivas (Mishra *et al.*, 2009).

A actividade antimicrobiana do extracto de folhas de *Andrographis paniculata* Wall., foi estudada utilizando diferentes solventes como clorofórmio, acetona, etanol e água contra estirpes bacterianas como *Bacillus subtilis, Staphylococcus* aureus, Pseudomonus aeruginosa e estirpes fúngicas *Aspergillus niger* e *Penicillum chrysogenum*. A actividade antimicrobiana foi determinada pelo método de difusão em disco. Dos quatro extractos utilizados, os extractos de acetona e etanol foram considerados altamente activos contra *Staphylococcus aureus* e *Bacillus subtilis*. Mais alto em acetona (12 mm) e mais baixo em etanol (10 mm) (Hosamani *et al.*, 2011)

Os extractos de clorofórmio do caule e da raiz de *Andrographis paniculata* mostraram consideráveis actividades antibacterianas e antifúngicas. O extracto de clorofórmio do caule (100 pg ml) mostrou uma actividade antibacteriana significativa contra todos os organismos testados em comparação com a penicilina benzílica padrão, mas o extracto de clorofórmio da raiz (100 pg ml) mostrou uma actividade moderada contra os organismos testados com a penicilina benzílica padrão. Estes extractos também mostraram uma actividade moderada de antifúngicos contra os organismos testados em comparação com o fluconazol padrão (Radhika e Lakshmi, 2010).

Foi avaliada a actividade antimicrobiana do extracto aquoso, andrographolides e proteínas de arabinogalactan de *Andrographis paniculata*. O extracto aquoso mostrou uma actividade antimicrobiana significativa, que pode ser devida ao efeito combinado das proteínas de andrographis paniculata e andrographolides isoladas (Singha *et al.*, 2003).

Extracto de metanol quente e frio de folhas e planta inteira de *Andrographis paniculata* foram rastreados separadamente pela sua actividade anti-bacteriana contra *Staphylococcus aureus* (MTCC-737) e *Escherichia coli* (MTCC-452) usando o método de difusão de poço de ágar. A susceptibilidade dos microrganismos aos extractos foi comparada entre si e com um antibiótico padrão seleccionado. Observou-se que extractos quentes de folhas de metanol mostraram a significativa actividade antibacteriana contra ambas as bactérias enquanto que a menor actividade bacteriana foi registada com extractos metanólicos frios de plantas inteiras de *Andrographis paniculata*. A análise fitoquímica revelou a presença de flavonóides, alcalóides, fenóis, glicosídeos, taninos e saponinas (Sharma *et al.*, 2011).

Um extracto de etanol das folhas inibiu o crescimento *in vitro* de *Escherichia coli* e *Staphylococcus aureus*. Um extracto de metanol a 50% das folhas inibiu o crescimento *in vitro* de *Proteus vulgaris*. Contudo, nenhuma actividade antibacteriana *in vitro* foi observada quando o pó seco das partes aéreas foi testado contra *E. coli*, *Staphylococcus aureus*, *Salmonella typhi* ou espécies de *Shigella* (Meenatchisundaram *et al.*, 2009).

A actividade antifúngica de extractos de *Andrographis paniculata* foi avaliada pelo método de difusão do poço de ágar contra cinco espécies fúngicas seleccionadas. Extractos de hastes de *Andrographis paniculata* mostraram uma elevada actividade antifúngica contra A.oryzae, Penicillum sp e C.albicans. Os extractos de raiz mostraram alta actividade antifúngica contra A. niger, A. flavus, C.albicans, Penicillum sp e A.oryzae e também extractos de folhas mostraram alta actividade antifúngica contra Penicillum sp e A. flavus mas não mostraram actividade antifúngica contra C.albicans, A. niger, A.oryzae (Rajalakshmi *et al.*, 2012).

O extracto de diclorometano (DCM) revelou o menor valor de concentração inibitória mínima (MIC) (100 pg/mL) contra Microsporum canis, Candida albicans, e Candida tropicalis, enquanto que o extracto de metanol (MEOH) revelou o menor valor de MIC (150 pg/mL) contra C. tropicalis e Aspergillus niger. O extracto de DCM mostrou o menor valor de concentração fungicida mínima (MFC) (250 pg/mL) contra M. canis, C. albicans, C. tropicalis e A. niger, enquanto que o extracto de MEOH mostrou o menor valor de MFC (250 ug ml.) contra Trichophyton mentagrophytes, Trichophyton rubrum, M. canis, C. albicans, C. tropicalis e A. niger (Sule *et al.*, 2012). *Andrographis paniculata* mostrou a presença de substâncias antibacterianas promissoras contra *B. cereus* e *L. monocytogene* sob stress normal e osmótico (Pitinidhipat e Yasurin, 2012).

Os extractos de metanol de *Andrographis paniculata* possuem a capacidade de inibir a actividade do DENV-1 (serótipo 1 do vírus da dengue) em ensaios *in vitro* (Tang *et al.*, 2012). Andrographolide, neoandrographolide e 14-deoxy-11,12-didehidroandrographolide, ent-labdene diterpenes isolados de *Andrographis paniculata* mostraram actividade viricida contra o vírus do herpes simplex 1 (HSV-1) (wiart *et al.*, 2005). O extracto de clorofórmio de folhas e raízes de *Andrographis paniculata* (30mg/ml) apresenta alguma actividade antibacteriana contra o *Staphylococcus aureus*. No estudo realizado na Universidade Metropolitana da Ásia, a Malásia revelou que a zona de inibição de *Andrographis paniculata* contra *Staphylococcus aureus era a* seguinte: folhas (17,33 mm), raízes (10,67 mm), Eritromicina (24,00 mm), folhas e Eritromicina (20,67 mm), raízes e Eritromicina (21,67 mm), folhas e raízes (17,33 mm). Os resultados provaram que a planta tem potencial actividade antibacteriana contra *Staphylococcus aureus* (Sivananthan e Elamaran, 2013).

Antidiabética e antihiperlipidémica

O extracto purificado e o andrographolide (P<0,05) diminuíram significativamente os níveis de glicose no sangue, triglicéridos, e LDL em comparação com os controlos. No entanto, não foram observadas alterações no colesterol sérico e no peso corporal dos ratos. A metformina também mostrou efeitos semelhantes sobre estes parâmetros (Nugroho *et al.*, 2012).

Os extractos de água quente e etanol de *Andrographis paniculata* recolhidos de Chittagong exibiam uma significativa actividade hipoglicémica (redução da glucose no sangue) tanto em ratos diabéticos carregados de glucos como em ratos diabéticos induzidos por aloxan. A administração oral de glucose (1,5 g/kg de peso corporal) aumentou o nível de açúcar no sangue enquanto a administração intraperitonial (ip) de aloxan (40 mg/kg de peso corporal) aumentou o nível de açúcar no sangue muito mais alto do que o das ratazanas carregadas de glucos. A água quente (0,8 g/kg de peso corporal) e os extractos de etanol (2 g/kg de peso corporal) de *Andrographis paniculata* reduziram o elevado nível de glicose em 41,51 e 41,82%, respectivamente em ratos carregados com glucos, em comparação com os respectivos ratos de controlo diabético. Por outro lado, a administração de água quente e extractos de etanol de *A. paniculata* diminuiu o nível de açúcar no sangue em 46,21 e 45,13%, respectivamente em ratos diabéticos induzidos por aloxan, quando comparados com os dos ratos diabéticos de controlo (Alamgir *et al.*, 2007).

O extracto de clorofórmio das raízes de *Andrographis paniculata* foi testado quanto à sua actividade anti-hiperglicémica em ratos diabéticos induzidos por aloxan, utilizando estudos crónicos e agudos. A actividade de redução da glucose no sangue foi determinada após administração oral em doses de 50, 100 e 150 mg/kg de peso corporal em estudo agudo. Onde, como no caso do estudo crónico, os níveis de glicose no sangue, proteínas, albumina e creatinina foram estimados após 4 semanas de tratamento na dose de 300 mg/kg. O estudo provou uma actividade antidiabética significativa do extracto de clorofórmio de raízes de *Andrographis paniculata* (Rao, 2006).

Extracto de água de *Andrographis paniculata* 10 mg/kg de peso corporal pode prevenir significativamente a indução de hiperglicemia (P < 0,001) induzida pela administração oral de glucose 2 mg/kg de peso corporal. Mas como não o conseguiu fazer na hiperglicemia induzida por adrenalina. Também não conseguiu demonstrar qualquer "efeito de redução do açúcar no sangue em jejum" na administração crónica (6 semanas) de *Andrographis paniculata*. Assim, provavelmente a *Andrographis paniculata* impede a absorção da glicose pelo intestino. Foi feita uma experiência completa em coelhos (Borhanuddin *et al.*, 1994).

Actividade anti-vírus da imunodeficiência humana (VIH)

Extractos aquosos das folhas inibiram a infecção pelo HIV-1 e a replicação na linha de células linfóides MOLT-4. Um extracto aquoso quente das partes aéreas reduziu a percentagem de células H9 antigénio-positivas do HIV. O desidroandrographolide inibiu a infecção por HIV-1 e HIV-1 (UCD123) das células H9 a 1,6mg/ml e 50mg/ml, respectivamente, e também inibiu a infecção por HIV-1 dos linfócitos humanos a 50mg/ml. Um extracto de metanol das folhas suprimiu a formação de sincícias em co-culturas de células MOLT não infectadas e infectadas com VIH-1 (dose média efectiva [ED50] 70mg/ml) (Meenatchisundaram *et al.*, 2009).

Actividade antipirética

A administração intra-gástrica de um extracto de etanol das partes aéreas (500mg/kg de peso corporal) a ratos diminuiu a pirexia induzida pela levedura. O extracto foi reportado como sendo tão eficaz como 200 mg/kg de peso corporal de aspirina, e não foi observada toxicidade em doses até 600 mg/kg de peso corporal. A administração intragástrica de andrographolide (100 mg/kg de peso corporal) a ratos diminuiu a pirexia induzida pela levedura de cerveja. A administração intragástrica de deoxiandrographolide, andrographolide, neoandrographolide ou 11,12- didehydro-14-deoxiandrographolide (100 mg/kg de peso corporal) a ratos, ratos ou coelhos reduziu a pirexia induzida por 2,4-dinitrofenol ou endotoxinas (Meenatchisundaram *et al.*, 2009).

Actividade antidiarreica

A Herba *Andrographis paniculata* tem actividade antidiarreica in situ. Um etanol, clorofórmio ou extracto de 1-butanol das partes aéreas (300mg/ml) inibiu a resposta secretora induzida pela *E. coli* enterotoxina - que causa uma síndrome diarreica no ensaio de loop ileal de coelho e porco-da-índia. No entanto, um extracto aquoso das partes aéreas não estava activo. Os constituintes diterpenos, andrographolide e neoandrographolide, exibiam uma potente actividade anti-secretária in vivo contra a diarreia induzida pela *Eschericia coli* enterotoxina. A andrographolide (1 mg por laço) era tão activa como a loperamida quando testada contra a diarreia induzida por *E. coli* enterotoxina induzida pelo calor e mais eficaz que a loperamida quando testada contra a diarreia induzida por *Escherichia coli* enterotoxina estável pelo calor. A Neoandrographolide (1 mg por laço) foi tão eficaz como a loperamida quando testada contra a diarreia induzida por *E. coli* enterotoxina induzida pelo calor e ligeiramente menos activa que a loperamida quando testada contra a diarreia induzida por *E. coli* enterotoxina estável pelo calor. O mecanismo de acção envolve inibição da resposta secretora intestinal induzida pelas *Escherichia coli* enterotoxinas lábil do calor, que são conhecidas por actuar através da estimulação da adenilato ciclase, e pela inibição da secreção induzida pelas *E. coli* enterotoxinas estáveis em calor, que actuam através da activação da guanilato ciclase. A incubação de macrófagos murinos com andrographolide (1-50mol/l) inibiu a acumulação de nitritos induzidos por endotoxinas de uma forma dependente da concentração e do tempo (Meenatchisundaram *et al.*, 2009).

Actividade antifertilidade

O pó foliar seco de *Andrographis paniculata*, quando alimentado oralmente a ratos albinos machos, numa dose de 20 mg de pó por dia durante 60 dias, resultou na cessação da espermatogénese, alterações degenerativas nos túbulos seminíferos, regressão das células de Leydig e alterações regressivas e/ou degenerativas na epidídima, vesícula seminal, próstata ventral e glândula coagulante. Houve redução do peso e do conteúdo de fluido das glândulas acessórias (Akbarsha *et al.*, 1990). Não foi possível observar toxicidade do tratamento com andrographolide (50 mg/kg) durante até 8 semanas em número e motilidade do esperma (Sattayasa *et al.*, 2010).

Actividade antipalúdica

A concentração inibitória a 50% (IC50) de *Andrographis paniculata* (7,2 ug ml) e o extracto vegetal inibiu a fase anelar do parasita (duas estirpes de *Plasmodium falciparum*) e não mostrou qualquer toxicidade *in vivo* (Mishra *et al.*, 2009). Num outro estudo separado foram isoladas quatro xantonas das raízes de *Andrographis paniculata* utilizando uma combinação de métodos cromatográficos em coluna e em camada fina. Foram caracterizadas como 1,8-di-hidroxi-3,7-dimetoxi-xantona, 4,8-di-hidroxi-2,7-dimetoxi-xantona, 1,2-di-hidroxi-6,8-dimetoxi-xantona e 3,7,8-trimetoxi-1-xantona por métodos espectroscópicos IR, MS e NMR. Estudo *in vitro* revelou que o composto 1,2-dihidroxi-6,8-dimethoxi-xantona possuía uma actividade anti-plasmodial substancial contra *Plasmodium falciparum* com o seu valor de IC(50) de 4 microg ml(-1). As xantonas com grupo hidroxil em 2 posições demonstraram uma actividade mais potente enquanto que as xantonas com grupo hidroxil em 1,4 ou 8 posições possuíam uma actividade muito baixa. O teste de sensibilidade anti-malária *in vivo* deste composto em ratos albinos suíços com infecção por *Plasmodium berghei* utilizando o teste de 4 dias de Peters deu uma redução substancial (62%) na parasitemia após tratar os ratos com dose de 30 mg kg(-1). A citotoxicidade in vitro contra células de mamíferos revelou que 1,2- dihidroxi-6,8-dimethoxi-xantona não é citotóxica com a sua IC(50) > 32 microg ml(-1) (Dua *et al.*, 2004).

Actividade antiveneno

A injecção intraperitoneal de um extracto de etanol das partes aéreas (25 g/kg de peso corporal) em ratos envenenados com veneno de cobra atrasou acentuadamente a ocorrência de insuficiência respiratória e morte. O mesmo extracto induziu contracções no íleo de cobra-suíno a concentrações de 2 mg/ml. As contracções foram aumentadas pela fisostigmina e bloqueadas pela atropina, mas permaneceram inalteradas pelos anti-histamínicos. Estes dados sugerem que os extractos das partes aéreas não modificam a actividade dos receptores nicotínicos mas produzem uma actividade muscarínica significativa, o que explica os seus efeitos antivenómicos (Meenatchisundaram *et al.*, 2009).

Toxicidade e doseamento

Numa pesquisa para determinar a toxicidade e dosagem, o LD50 do extracto de álcool, obtido por maceração a frio, é de 1,8 g/kg. O LD50 de andrographolide (rendimento 0,78% p/p da planta inteira) em ratos machos por via intraperitoneal é de 11,46 g/kg. No estudo sobre doentes seropositivos, foi administrada diariamente uma dose de 1.500-2.000 mg de andrographolides durante seis semanas. Os efeitos secundários eram comuns e o estudo foi interrompido precocemente apesar de algumas melhorias na contagem de CD4+. Até que esteja disponível informação definitiva sobre *Andrographis paniculata* e os seus constituintes sobre a reprodução, seria prudente tanto para homens como para mulheres evitar esta erva durante a concepção desejada e para mulheres durante a gravidez (Akbar, 2011)

SESBANIA GRANDIFLORA

Sesbania grandiflora (Linn) pertencente à família Leguminosae vulgarmente conhecida como sesbania é frequentemente plantada pelas suas flores e vagens comestíveis em países tropicais. Acredita-se que tenha tido origem na Índia ou no Sudeste Asiático e cresce principalmente em áreas quentes e húmidas do mundo. A sesbania é encontrada desde o norte de Luzon até Mindanao, em áreas povoadas a baixas e médias altitudes. Foi certamente introduzida nas Filipinas. Esta árvore ocorre também na Índia até às ilhas Mascarene, através da Malásia até à Austrália tropical, e é plantada em outros países tropicais1-6.

Os outros nomes científicos da sesbania são Robinia grandiflora Linn, Aeshynomene grandiflora Linn, Sesban grandiflora Poir, Agati grandiflora (L.) Desv. Localmente é conhecida como caturay, katurai (Chamorro), sobreiro, escarlate wisteria, sesban, beija-flor vegetal (inglês), agati a grandes fleurs (francês), ohai , agathi, agati (tâmil), hadga (hindi, marathi).

Uma pequena árvore erecta de crescimento rápido e de curta duração, de madeira macia e pouco ramificada. Bole direita e cilíndrica, a madeira branca e macia. A árvore tem uma altura de 5 a 12 metros. As folhas têm de 20 a 30 centímetros de comprimento, e pinata com 20 a 40 pares de folhas, que têm de 2,5 a 3,5 centímetros de comprimento. As flores são brancas e têm de 7 a 9 centímetros de comprimento. As vagens são lineares, com 20 a 60 centímetros de comprimento, 7 a 8 milímetros de largura, pendentes, e algo curvadas, e contêm muitas sementes.

Sesbania Grandiflora (Family Leguminosae)
Aspectos fitoquímicos

Os ingredientes activos da sesbânia são leucocianidina e cianidina presentes nas sementes, ácido oleanólico e o seu éster metílico e kaemferol-3-rutinosídeo que estão presentes na flor. A casca contém taninos e goma. Saponina isolada das sementes.

Sesbanimida isolada das sementes.

Uso medicinal (Doddola, 2008)

Todas as partes da Sesbania grandiflora são utilizadas para medicina no Sudeste Asiático e na Índia, incluindo preparações derivadas das raízes, casca, goma, folhas, flores, e frutos. Na Medicina Folclórica recorre-se à aperiência, diurético, emético, emmenagogo, febrífugo, laxante, e tónico. O Agati é um remédio popular para hematomas, catarro, disenteria, olhos, febres, dores de cabeça, varíola, feridas, dor de garganta, e estomatite. Diferentes partes desta planta são utilizadas no sistema Siddha da medicina tradicional indiana para o tratamento de um amplo espectro de doenças, incluindo anemia, bronquite, febre, dor de cabeça, oftalmia, catarro nasal, inflamação, lepra, gota e reumatismo. Possui também propriedades ansiolíticas, anticonvulsivas e hepatoprotectoras. Além disso, S. grandiflora é mencionada como um potente antídoto para o tabaco e doenças relacionadas com o tabagismo. No entanto, os mecanismos subjacentes aos seus efeitos benéficos contra doenças crónicas associadas ao tabagismo ainda estão por determinar. As várias partes da sesbânia são utilizadas como medicamentos para muitas doenças e distúrbios.

Raízes

Em várias culturas a raiz é aplicada como cataplasma para aplicação em inflamação e febre. As raízes em pó de Sesbania grandiflora var. coccinea são misturadas em água e aplicadas externamente como uma cataplasma ou esfregadas para inchaço reumático. O sumo da raiz é dado com mel como expectorante em catarro.

Casca

A casca é muito adstringente, e uma infusão da mesma é dada em varíola e outras febres eruptivas. A casca amarga é considerada tónica e febrífuga, é também utilizada para o tratamento de úlceras na boca e canal alimentar, tratamento de aftas e desordens infantis do estômago. A casca amargurada é aplicada à sarna. É prescrita uma decocção da casca contra a hemoptise. A casca é também administrada em diarreia e disenteria. Em pequenas doses, a casca é utilizada para disenteria e esguicho, em grandes doses, laxante, em doses ainda maiores, emética.

Folhas

Na medicina ayurvédica, as folhas são utilizadas para o tratamento de ataques epilépticos. O sumo das folhas é considerado como anti-helmíntico e tónico e é utilizado para tratar vermes, biliosidade, febre, gota e comichão, e lepra. As folhas tónicas são úteis no biliousness, febre e nyctalopia. As folhas esmagadas para entorses e nódoas negras. As folhas são aperientes, diuréticas, laxantes, alexetéricas.

Flores

As flores têm uma excelente fonte de cálcio e uma fonte justa de ferro. São também uma boa fonte de Vitamina B. O sumo das folhas e flores é utilizado como remédio popular para o catarro nasal, e dor de cabeça, congestão da cabeça, ou nariz entupido. As flores são utilizadas como emoliente, laxante, aperitivo e refrigerante das flores, para bilhar, bronquite, gota, nyctalopia, afrodisíacos, dor, sede, ozoena, e febre de quartzo. O sumo da flor é espremido para o olho para corrigir a visão turva.

Fruta

Na Ayurveda, os frutos são utilizados para anemia, bronquite, febre, turmores. Os frutos são calexetéricos, laxantes, e intelectualmente estimulantes. Também é prescrito para a dor e a sede. B. Estudos farmacológicos os estudos farmacológicos foram aqui revistos para conhecer os seus vários potenciais para liderar como candidato terapêutico no processo de desenvolvimento de fármacos. Foi encontrada uma planta maravilhosa com uma tal variedade de potenciais, como mencionado abaixo.

Actividade anti-ulcerígena (Serti, 2001)

Neste estudo foi avaliado o potencial antiulcerígeno S. grandiflora. O extracto etílico da casca de S. grandiflora evitou lesões gástricas agudas em ratos. O stress e as lesões anti-inflamatórias não esteróides ou induzidas por drogas foram significativamente prevenidas pelo extracto de sesbania.

Efeito protector da Sesbania grandiflora contra o fumo do cigarro - Danos Oxidativos Induzidos em Ratos

Este estudo é investigado sobre os efeitos nocivos do fumo do cigarro no sistema de defesa antioxidante pulmonar e na propriedade restauradora da grandiflora de Sesbania no pulmão de rato. Neste estudo, os ratos WKY adultos do sexo masculino foram expostos ao fumo do cigarro durante um período de 90 dias e tratados consecutivamente com suspensão aquosa de S grandiflora durante um período de 3 semanas. O nível de peróxido lipídico foi avaliado como marcador de danos nos pulmões. O estado antioxidante do pulmão foi avaliado a partir dos níveis de glutatião reduzido, vitamina C e vitamina E e das actividades de superóxido dismutase, catalase, glutatiãoeperoxidase, glutatião redutase, glutatião-S-transferase e glucose-6-fosfato-desidrogenase. Foram também medidos os níveis de cobre, zinco, manganês e selénio nos pulmões. Os resultados sugerem que a exposição crónica ao fumo do cigarro aumenta o stress soxidativo, perturbando assim o sistema de defesa dos tecidos, e S. grandiflora protege o pulmão dos danos oxidativos através do seu potencial antioxidante.

Actividade antioxidante e antiurolitítica (Doddola.2008)

Neste estudo, foi investigado o potencial de S. grandiflora no tratamento dos cálculos renais. O sumo foliar de S. grandiflora foi avaliado para dose letal mediana, alterações comportamentais brutas, actividades antiurolitíticas e antioxidantes. A actividade antiurolitítica foi avaliada por um modelo de dieta produtora de cálculos, utilizando gentamicina (subcutânea) e 5% de oxalato de amónio na alimentação de ratos para induzir pedras do tipo oxalato de cálcio. Os parâmetros monitorizados no presente estudo são a deposição de cálcio e oxalato no rim, pesos renais, excreção urinária de cálcio e oxalato. Foram monitorizados a peroxidação lipídica in vivo do pa- rameters, glutatião redutase e catalase. O sumo vegetal foi também avaliado para a eliminação do óxido nítrico e dos radicais livres de 2-difenil-2-picrilo hidrazílico. O sumo foliar de S. grandiflora mostrou uma actividade antiurolitítica significativa contra pedras do tipo oxalato de cálcio e também exibiu propriedades antioxidantes. Os resultados obtidos neste estudo fornecem provas da eficácia do sumo foliar de S. grandiflora como agente antiurolitíaco. O sumo foliar de S. grandiflora mostrou uma actividade antiurolitítica significativa contra pedras do tipo oxalato de cálcio e também exibiu propriedades antioxidantes.

Anticâncer e actividade quimiopreventiva (Laladhas, 2009)

Neste estudo foi avaliada a eficácia anticancerígena de uma fracção proteica, SF2 (Sesbania Fraction 2) isolada da flor da planta medicinal, Sesbania grandiflora. A fracção foi avaliada em duas linhas de células tumorais de ascite murina e linhas de células cancerosas humanas de origem diferente pelo seu efeito anticancerígeno. O SF2 inibiu a proliferação celular e induziu apoptose, como evidenciado pela fragmentação do ADN e externalização da serina fosfatidil no Daltons Lymphoma Ascites (DLA) e células cancerígenas do cólon (SW- 480). Estudos in vivo utilizando ascite e modelos tumorais sólidos apoiam fortemente descobertas in vitro uma vez que a administração de SF2 aumentou a esperança de vida e diminuiu o volume tumoral em ratos com tumor pode servir como um potencial candidato a medicamento anticancerígeno.

Actividade anxiolítica e efeito anticonvulsivo

Neste estudo, a actividade anticonvulsiva das folhas de S. Grandiflora foi avaliada utilizando uma variedade de modelos animais de convulsões. A separação bio-ensaio guiada foi realizada para identificar a fracção que possui actividade anticonvulsiva. O benzeno: fracção de acetato de etilo (BE) da parte solúvel em acetona de um extracto de éter de petróleo atrasou significativamente o início das convulsões em pentilenotetrazol (PTZ) e estricnina (STR) - provocou convulsões em ratos e reduziu a duração da extensão tónica das pernas traseiras no choque electroconvulsivo máximo (MES) provocado por convulsões em ratos. O triterpeno contendo fracção de S. grandiflora apresenta um amplo espectro de perfil anticonvulsivo e de actividade ansiolítica.

Actividade Hepatoprotectora

Este estudo avaliou a administração oral de um extracto etílico de folhas de S. grandiflora (200 mg/kg/dia) durante 15 dias produziu uma hepatoprotecção significativa contra o estolato de eritromicina (800 mg/ kg/dia)-uma hepatotoxicidade induzida em ratos. O nível aumentado de enzimas séricas (aspartato transaminase, alanina transaminase, fosfatase alcalina), bilirrubina, colesterol, triglicéridos, fosfolípidos, ácidos gordos livres, substâncias reactivas ao ácido tiobarbitúrico plasmático e hidroperóxidos observados em ratos tratados com estolato de eritromicina foram significativamente reduzidos em ratos tratados concomitantemente com extracto de sesbania e estolato de eritromicina. Os resultados do estudo revelam que a sesbânia poderia ter um efeito protector significativo contra a hepatotoxicidade induzida pelo estolato de eritromicina. O efeito da sesbânia foi comparado com o da silimarina, uma droga hepatoprotectora de referência.

Actividade antimicrobiana

Neste estudo, foram utilizados três tipos de legumes florais tradicionais tailandeses, S. grandiflora, Senna siamea e Telosma minor, devido à sua pretensão de ajudar uma pessoa com distúrbios estomacais. A relação flor/água de 1: 2 foi utilizada para extracção de água com condição de agitação durante sete dias. Os extractos brutos foram então examinados quanto a propriedades antimicrobianas utilizando o teste de difusão em disco em três tipos de bactérias, Bacillus cereus, Escherichia coli e Staphylococcus aureus. Os resultados indicaram que a extracção de sete dias forneceu as propriedades antimicrobianas mais elevadas destes três vegetais florais em todas as bactérias, especialmente para S. aureus que tinha a zona de inibição mais elevada.

Actividade analgésica e antipirética

Neste estudo foi avaliada a actividade analgésica e antipirética das flores de sesbânia grandiflora. Os três extractos diferentes utilizando éter de petróleo, acetato de etilo e etanol como solvente foram submetidos a rastreio em ratos albinos para actividade analgésica utilizando os métodos Hot Plate e Tail Flick. O extracto de acetato de etilo mostrou melhores actividades analgésicas e antipiréticas em comparação com o éter de petróleo e o extracto de etanol.

INTRODUÇÃO AO FÍGADO

O fígado é o maior órgão dentro do corpo. Num adulto, tem aproximadamente o tamanho de uma bola de futebol e pesa cerca de três quilos. Encontra-se atrás das costelas na parte superior direita do abdómen. Com a forma de um triângulo, o fígado é castanho-avermelhado escuro e é constituído por dois lóbulos principais. Existem mais de 300 biliões de células especializadas no fígado que estão ligadas por um sistema bem organizado de condutas biliares e vasos sanguíneos chamados sistema biliar.

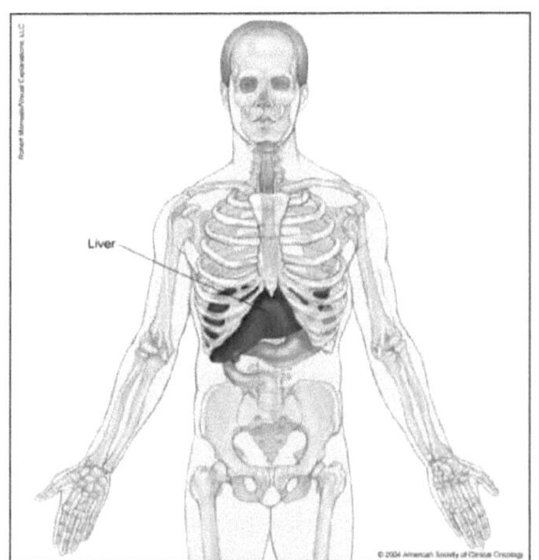

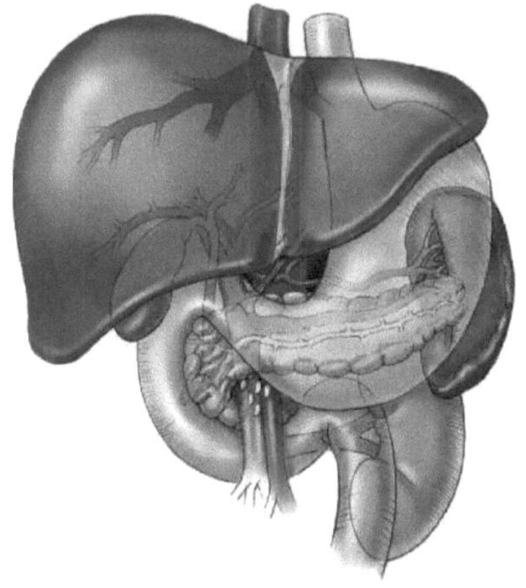

O fígado é um órgão tão importante que só podemos sobreviver um ou dois dias se ele se desligar - se o fígado falhar, o seu corpo também falhará. Felizmente, o fígado pode funcionar mesmo quando até 75% do fígado está doente ou é removido. Isto porque tem a espantosa capacidade de criar novo tecido hepático (ou seja, pode regenerar-se a si próprio) a partir de células hepáticas saudáveis que ainda existem.

- O **fígado** e **a vesícula biliar** desempenham papéis importantes na digestão através da produção e armazenamento da bílis. O fígado é também o principal órgão do metabolismo e da desintoxicação. O **pâncreas** também produz enzimas digestivas para decompor proteínas, açúcares e gorduras.

- Os processos descritos acima são as funções **exócrinas** do fígado e da vesícula biliar. Mas têm também funções **endócrinas**, secretando compostos para a corrente sanguínea. Os hepatócitos produzem albumina, fibrinogénio, e trombina, por exemplo. As ilhotas pancreáticas produzem insulina, glucagon, e somatostatina.

- O fígado, a vesícula biliar e o pâncreas recebem o fornecimento de sangue do **tronco celíaco.** Um ramo principal é a artéria **hepática comum**, levando à **artéria hepática propriamente dita** que se ramifica nas **artérias hepáticas esquerda** e **direita** para fornecer o fígado. A artéria hepática direita liberta a **artéria cística** para abastecer a vesícula biliar.

- O pâncreas é fornecido por múltiplos recipientes. O corpo e a cauda são fornecidos pelas **artérias dorsais, inferiores** e **grandes artérias pancreáticas**, que se ramificam todas da **artéria esplénica** (outro ramo principal do tronco celíaco). A cabeça, pescoço e processo uncinado são fornecidos por anastomoses de artérias que se ramificam do tronco celíaco e artéria mesentérica superior. A **artéria gastroduodenal**, a partir da artéria hepática comum, divide-se em **artérias pancreáticas superiores anterior** e **posterior**. Elas anastomose com **ramos inferiores** da **artéria pancreático-duodenal inferior a** partir da artéria mesentérica superior. As mesmas artérias fornecem o duodeno.

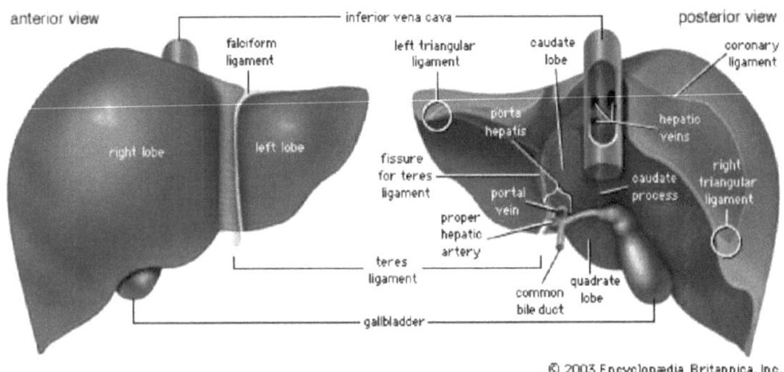

- O fígado tem **superfícies diafragmáticas** e **viscerais** que contactam o diafragma e as vísceras abdominais, respectivamente. Note-se os **ligamentos triangular direito, triangular esquerdo** e **coronário** que se ligam ao diafragma. Note-se também a área nua não coberta por peritoneu. Anteriormente, existe uma dobra de peritoneu ligando o fígado ao umbigo chamado **ligamento falciforme**, que contém o **ligamento redondo** ou **ligamentum teres.** É o remanescente da veia umbilical que trouxe sangue oxigenado da placenta para o coração do feto. O **ligamentum venosum** é o remanescente do ducto venoso fetal que desviou o sangue da veia umbilical para a veia cava inferior para contornar o fígado. No fígado adulto, a **porta hepática** inclui as **artérias hepáticas** da **artéria hepática propriamente dita**, a **veia porta hepática**, e os **ductos hepáticos** e **císticos que** se unem para formar o **ducto biliar comum.**

- A veia porta traz nutrientes e outros compostos absorvidos pelo tracto gastrointestinal para serem armazenados e/ou processados.

- **Lóbulos anatómicos**: Note-se como a veia cava inferior, vesícula biliar, ligamentum teres, ligamentum venosum, e porta hepatis formam uma forma "H" na superfície visceral. Divide o fígado em 4 lóbulos anatómicos com base na aparência exterior - os **lóbulos direito, esquerdo, caudado, e quadrático.**

- **Lóbulos funcionais**: Estes são baseados na distribuição das artérias hepáticas, veia porta, e canal biliar hepático. A veia cava inferior e a vesícula biliar servem de linha divisória entre os lóbulos funcionais direito e esquerdo.

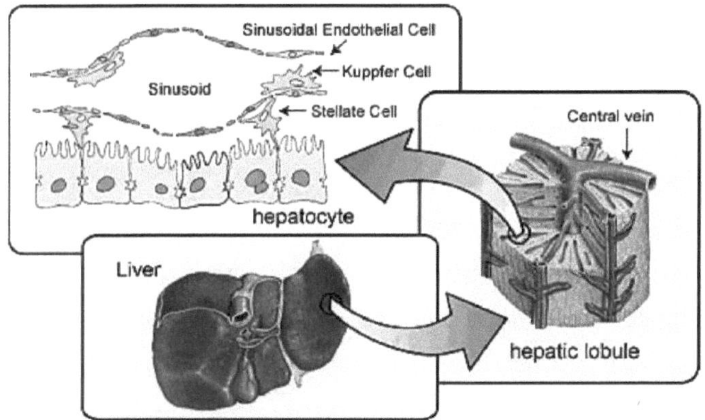

- O fígado está dividido em muitos **lóbulos hepáticos**. O fluxo para o fígado envolve artérias hepáticas, que trazem sangue oxigenado ao tecido hepático, e portal veias, que trazem nutrientes e outros compostos absorvidos pelo tracto gastrointestinal para serem processados e/ou armazenados no fígado. A saída também envolve duas vias - veias hepáticas que drenam para a veia cava inferior e o ducto hepático comum que une o ducto cístico e esvazia a bílis para o duodeno.

- As principais características do fígado são as **tríades portal** (etiquetadas "portal" no canto inferior esquerdo e mostradas no meio) e as **veias centrais** (etiquetadas no canto inferior esquerdo e mostradas no canto direito). As setas vermelhas indicam a direcção do fluxo de sangue dentro dos **sinusóides sanguíneos de cordas de** flanco das células hepáticas.

- Note-se que a tríade portal contém 1) a **veia portal**, 2) a **artéria hepática**, e 3) o **canal biliar.** Cada uma tem a sua aparência típica. A veia central é revestida com células endoteliais, com perfurações nas quais os sinusoidais se esvaziam.

- As veias centrais conduzem a veias sublobulares, que atingem veias coletoras, veias hepáticas, e finalmente a veia cava inferior. **A saída venosa do fígado não tem em conta a organização dos lóbulos.**

- Os sinusóides do fígado são mostrados em maior ampliação na parte inferior esquerda. São vasos dilatados, semelhantes a capilares, revestidos por epitélio fenestrado e descontínuo (rotulado "e"). Entre as células endoteliais encontram-se as **células Kupffer** (rotuladas "k"), que são macrófagos fixos dentro do tecido hepático. Têm citoplasma distinto que pode entrar no lúmen sinusoidal e funcionar como outros macrófagos dentro do corpo. Também decompõem a hemoglobina dos glóbulos vermelhos danificados.

- No painel central inferior, há muitos espaços entre os hepatócitos e as células epiteliais sinusoidais marcados por pontas de flechas. São referidos ao **espaço de Disse** onde ocorre a troca entre os hepatócitos e o fluxo sanguíneo.

  Mais uma vez, no canto inferior direito, revemos a célula Kupffer, a célula endotelial do sinusóide hepático, e o espaço de Disse

- Os lóbulos hepáticos podem ser definidos de 3 maneiras:

- 1) **Lóbulo clássico** - centrado à volta da veia central com as tríades do portal em cada canto. Mostrado em baixo à esquerda, o lóbulo clássico pode nem sempre ter a forma hexagonal.

- 2) **Lóbulo portal** (não mostrado) - centrado na tríade portal, baseado na secreção biliar, e de forma aproximadamente triangular.

- 3) **Acinus de fígado de Rappaport** - este é o mais importante funcionalmente classificação. Mostrado em baixo à direita, o acinus tem uma forma aproximadamente oval com 2 veias centrais e 2 tríades de portal em extremidades opostas. Com base no fluxo sanguíneo dentro do tecido hepático, o acinus é dividido em 3 zonas. As células em diferentes zonas são especializadas para diferentes actividades. As células da zona 1, estando mais próximas das tríades portal e, portanto, da maior parte do sangue oxigenado, têm a actividade enzimática mais metabolizadora de drogas. Seguindo esse mesmo raciocínio, os hepatócitos da zona 3 perto das veias centrais são mais susceptíveis à isquemia.

- Mais uma vez, o influxo para o fígado envolve sangue oxigenado através de artérias hepáticas e nutrientes e compostos absorvidos do tracto gastrointestinal através das veias do portal hepático.

- Toda a drenagem venosa do tracto gastrointestinal e dos órgãos viscerais abdominais entra no **sistema portal** de volta para o fígado. A ordem geral é a seguinte: artérias ^ capilares ^ veias ^ veia portal ^ sinusóides hepáticas ^ veias ^ veia cava ^ coração.

- Em contraste, o **sistema cavalar** é o seguinte: artérias ^ capilares ^ veias ^ veia cava ^ coração. Obviamente, este é o sistema circulatório dentro do resto do corpo.

- O portal e o sistema de cavalaria não são exclusivos um do outro. Existem 4 sítios de **anastomoses portocaval**:
    - 1) veias esofágicas
    - 2) veias paraumbilicais
    - 3) veias rectas
    - 4) veias retroperitoneal

- Se houver danos hepáticos ou **cirrose** - acumulação de tecido fibroso que constrói os sinusoidais - pode haver **hipertensão portal**. Isto pode levar a varizes nos 4 sítios de anastomoses.

FUNÇÕES:

- O fígado tem mais de 200 funções, incluindo:
    - Armazenamento de Nutrientes
    - Desagregação de eritrócitos

- Secreção biliar
- Síntese de proteínas de plasma
- Síntese do colesterol

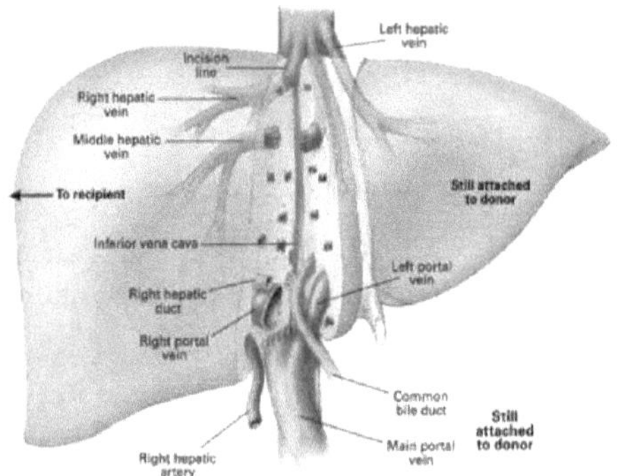

Trotter, Wachs, Everson, Kam; *Medical Progress: Adult-to-Adult Transplantation of the Right Hepatic Lobe.* The New England Journal of Medicine. April 4, 2002. Vol. 346. Page 1074-1082. Copyright 2002, Massachusetts Medical Society. All rights reserved.

Storage of Nutrients

- Hepatocytes absorb and store excess nutrients in the blood
  - Glucose (glycogen)
  - Iron
  - Retinol (Vitamin A)
  - Calciferol (Vitamin D)

- Nutrients released when levels are too low

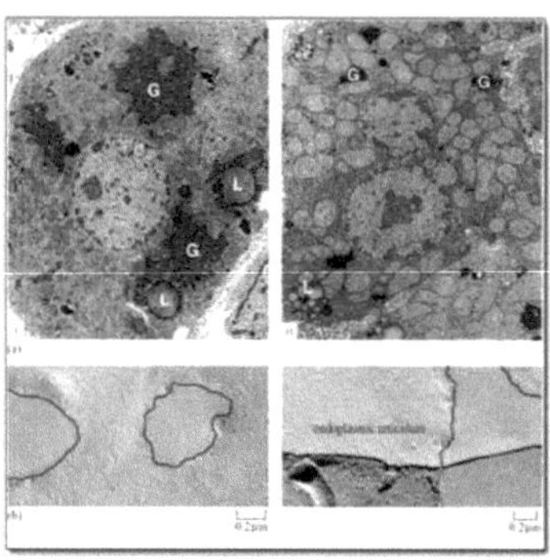

DECOMPOSIÇÃO DE ERITRÓCITOS:

- Os RBC's têm uma duração de vida de 120 dias.
- As hemácias enfraquecem e rompem, libertando hemoglobina para o plasma sanguíneo.
- A hemoglobina é absorvida por fagocitose pelas células de Kuppfer no fígado.

- A hemoglobina é dividida em

    - Grupos de Heme

- O ferro é retirado de heme deixando uma substância chamada bilirrubina (pigmento biliar).

- O ferro é transportado para a medula óssea onde é utilizado para a nova hemoglobina para as hemácias
- A bilirrubina torna-se uma componente da bílis
- Globins

- Hidrolisado a aminoácidos e devolvido ao sangue

SECREÇÃO BILIAR:

- Conteúdo da Bílis
    - HCO_3^- (Bicarbonato)
    - Sais biliares
    - Pigmento biliar
    - Colesterol

- Armazenado na vesícula biliar
    - Concentrado
    - acidificado

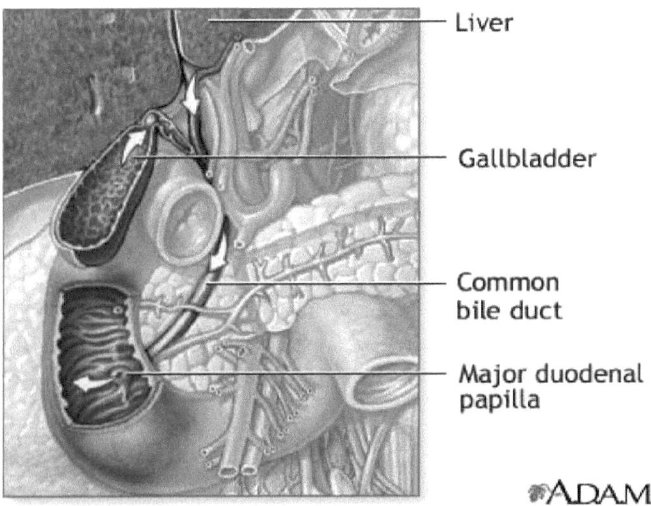

- Descarregado para o intestino delgado através de um canal biliar

SÍNTESE DE PROTEÍNAS PLASMÁTICAS:

- Produzido por RER de Hepatócitos
- 3 tipos principais
    - Albumina
    - Globulina
    - Fibrinogénio

SÍNTESE DO COLESTEROL:

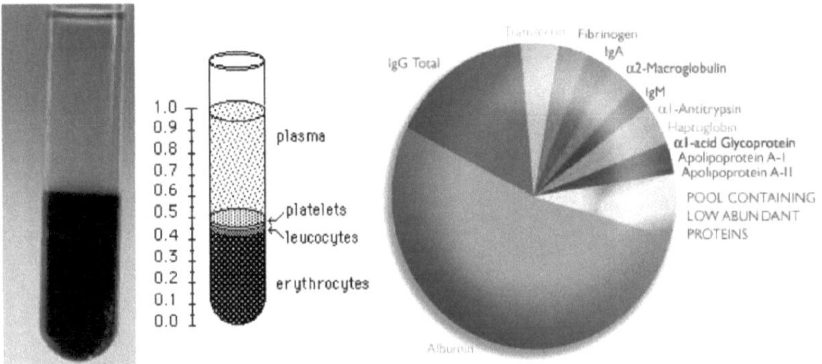

- Produzido por hepatócitos
- Alguns utilizados para a produção de bílis
- Alguns trasnsportados para utilização no resto do corpo
    - Síntese e reparação de membranas celulares ou armazenadas no fígado.
    - Precursor por testículos, ovários ou a glândula adrenal para fazer hormonas esteróides.
- progestinas
- glucocorticóides
- andrógenos
- estrogénios
- mineralocortoides
    - É também um precursor da vitamina D.

Cholesterol

PLANTAS HEPATOPROTECTORAS

O fígado é considerado como um dos órgãos mais vitais que funciona como centro do metabolismo de nutrientes tais como hidratos de carbono, proteínas, lípidos e excreção de metabolitos de resíduos. Além disso, também se ocupa do metabolismo e excreção de drogas e outros xenobióticos do organismo, proporcionando assim protecção contra substâncias estranhas através da desintoxicação e eliminação das mesmas. A bílis secretada pelo fígado tem, entre outras coisas, um papel importante na digestão. Doença hepática (doença hepática) é um termo que afecta as células, tecidos, estruturas, ou funções do fígado. O fígado tem uma vasta gama de funções, incluindo a desintoxicação, síntese de proteínas e produção de bioquímica necessária para a digestão e síntese, bem como a decomposição de moléculas pequenas e complexas, muitas das quais são necessárias para as funções vitais normais. Os fármacos à base de plantas são mais amplamente utilizados do que os alopáticos como hepatoprotectores, pois são baratos, melhor aceitação cultural, melhor compatibilidade, com o corpo humano e efeitos secundários mínimos. Estes fármacos à base de plantas demonstraram a capacidade de manter as estátuas funcionais normais do fígado, com ou sem menos efeitos secundários. O fígado desempenha um espantoso conjunto de funções vitais na manutenção, desempenho e regulação da homeostase do corpo. Está envolvido em quase todas as vias bioquímicas de crescimento, luta contra doenças, fornecimento de nutrientes, fornecimento de energia e reprodução. Por conseguinte, a manutenção de um fígado saudável é essencial para o bem-estar geral de um indivíduo. A lesão hepática causada por vários agentes tóxicos, tais como certos agentes quimioterápicos, tetracloreto de carbono, tioacetamida, etc., o consumo crónico de álcool e micróbios é bem estudada. Uma vez que a Medicina Tradicional Indiana como a Ayurveda, Siddha e Unani são predominantemente baseadas no uso de materiais vegetais. As drogas herbais ganharam importância e popularidade nos últimos anos devido à sua segurança, eficácia e relação custo-eficácia. Várias plantas medicinais indianas têm sido amplamente utilizadas no sistema tradicional indiano de medicina para a gestão de doenças hepáticas. A utilização de remédios naturais para o tratamento de doenças hepáticas tem uma longa história e as plantas medicinais e os seus derivados ainda são utilizados em todo o mundo, de uma forma ou de outra, para este fim. A avaliação científica das plantas tem demonstrado frequentemente que os princípios activos destas são responsáveis pelo sucesso terapêutico. Um grande número de plantas medicinais foi testado e verificou-se que contêm princípios activos com propriedades curativas contra uma variedade de doenças. As plantas protectoras do fígado contêm uma variedade de constituintes químicos como fenóis, cumarinas, lignanos, óleo essencial, monoterpenos, carotenóides, glicosídeos, flavonóides, ácidos orgânicos, lípidos, alcalóides e xantenos. Por conseguinte, um grande número de plantas e formulações têm sido reivindicadas como tendo actividade hepatoprotectora, pelo que foi dada importância no mercado global ao desenvolvimento de fármacos protectores de hepato à base de plantas. Este artigo de revisão foi apresentado para enumerar algumas plantas indígenas que têm propriedades hepatoprotectoras, tais como *Andrographic paniculata, Chamomile capitula, Silybum marianum, Coccinia grandis, Flacourtia indica, Wedelia calendulacea, Annona squamosa, Prostechea michuacana, Ficus carica, Lepidium sativum, Sargassum polycystum, Solanum nigrum, swertia chirata, Phyllanthus emblica, Curcuma longa, Picrorhiza kurroa, Azadirachta indica, Aegle marmelos, Cassia roxburghii, Orthosiphon stamineus, Jatropha curcas, Foeniculum vulgare, Trigonella foenum graecum, Eclipta alba, Garcinia mangostana* Linn é revista.

Eclipta alba

Eclipta alba (Bhringaraja), pertencente à família Composite é um arbusto perene que cresce amplamente em países tropicais húmidos. É utilizado como alterador, anti-helmíntico, expectorante, antipirético, antiasmático, tónico, desobstruente no alargamento hepático e do baço e actividade anti-inflamatória significativa. Tem sido relatada a sua utilidade em doenças hepáticas e demonstrou possuir actividade hepatoprotectora contra o carbontetracloreto induzido por células hepáticas em animais. O efeito do extracto de *Eclipta alba* foi estudado nos danos hepáticos induzidos pelo paracetamol em ratos. Foi encontrado tratamento com extracto de etanol de *E. alba* para proteger os ratos da acção hepatotóxica do paracetamol, como evidenciado pela redução significativa dos elevados níveis de transaminase sérica.

Foeniculum vulgare

O Funcho (*Foeniculum vulgare* Mill. Family Umbelliferae) é uma erva aromática anual, bienal ou perene, dependendo da variedade, as folhas, caules e sementes (frutos) da planta são comestíveis. *Foeniculum vulgare* é uma erva aromática cujos frutos são oblongos, elipsóides ou cilíndricos, rectos ou ligeiramente curvos e de cor castanha esverdeada ou amarelada. Os componentes voláteis dos extractos de sementes de funcho por análise cromatográfica incluem trans-anetole, fenchone, metilcavicol, limonene, a-pinene, camphene, p- pinene, β- -myrcene, a-phellandrene, 3-carene, cânfora, e cis anethole. A actividade Hepatoprotectora do óleo essencial de *Foeniculum vulgare* foi estudada utilizando um modelo de fibrose hepática induzida por tetracloreto de carbono em ratos. A hepatotoxicidade produzida pela administração de tetracloreto de carbono crónico foi inibida pelo óleo essencial de *Foeniculum vulgare* com evidência de diminuição dos níveis de aspartato sérico aminotransferase, alanina aminotransferase, fosfatase alcalina e bilirrubina.

Trigonella foenum graecum

radicais e melhoramento do aparelho antioxidante. O efeito protector de um extracto polifenólico de sementes de feno-grego contra a toxicidade induzida pelo etanol foi investigado nas células do fígado humano Chang. O tratamento com etanol suprimiu o crescimento de células do fígado Change e induziu citotoxicidade, formação de radicais oxigenados e disfunção mitocondrial. A incubação de FPEt juntamente com EtOH aumentou significativamente a viabilidade celular de uma forma dose-dependente, causou uma redução na fuga de desidrogenase láctica e normalizou a relação GSH/GSSG. Os resultados sugerem que os compostos polifenólicos das sementes de feno-grego nas outras linhas de células cancerígenas gástricas e pulmonares incluídas no ecrã. Os investigadores sugeriram que a garcinona E pode ser potencialmente útil para o tratamento de certos tipos de cancro.

Garcinia mangostana Linn

Garcinia mangostana Linn. comummente conhecida como "mangos teen", é uma árvore tropical sempre-verde e é uma categoria emergente de novos alimentos funcionais, por vezes chamados "super frutos", que se presume terem uma combinação de características subjectivas apelativas, tais como sabor, fragrância e qualidades visuais, riqueza em nutrientes, força antioxidante e impacto potencial para diminuir o risco de doenças humanas . Os pericarpos de *G. mangostana* têm sido amplamente utilizados como medicina tradicional para o tratamento de diarreia, infecções de pele e feridas crónicas no Sudeste Asiático durante muitos anos. Estas são as fontes naturais mais abundantes de xantonas, que são as substâncias químicas naturais que possuem numerosas propriedades bioactivas que ajudam a manter a saúde intestinal, neutralizam os radicais livres, ajudam e apoiam as funções das articulações e cartilagens e promovem os sistemas imunitários. Estas são extraídas da casca das mangas adolescentes contendo 95% de xantonas, também isoflavonas, tanino e flavonóides. O tratamento dos carcinomas hepatocelulares (cancro do fígado) com quimioterapia tem sido geralmente decepcionante e é mais desejável ter novos medicamentos mais eficazes. Os investigadores extraíram e purificaram 6 compostos de xantonas da casca (casca) do fruto da Garcinia mangostana, fruto adolescente das mangas. Os investigadores testaram este extracto em 14 diferentes linhas de células cancerosas do fígado humano. Vários agentes quimioterápicos (drogas) foram incluídos no estudo para comparação. Os resultados mostraram que um dos derivados de xantonas que podiam ser identificados como garcinona E tem um potente efeito citotóxico (matar células) em todas as linhas de células cancerígenas do fígado, bem como.

Jatropha curcas

Jatropha curcas Linn (Família: Euphorbiaceae), é um arbusto sempre verde, indígena da América, mas cultivado na maioria das partes da Índia. Esta planta sempre-verde é comum em lugares de desperdício em toda a Índia, especialmente na Costa de Coromandel e em Travancore; nas partes do sul é cultivada principalmente para sebes na Konkan, e também na Península Malaia. As folhas são consideradas como anti-fráticas, aplicadas à sarna; rubefacientes para paralisia, reumatismo; também aplicadas a tumores duros. As folhas também mostram actividade antileucémica. Os compostos que foram isolados das folhas de *Jatropha curcas* incluem os flavonóides apigenina e os seus glicosídeos vitexina e isovitexina, os esteróis estigmasterol, um -D-sitosterol e é $^{\alpha\text{-}}$ Dglucoside. A fracção metanólica das folhas de *Jatropha curcas (MFJC)* foi avaliada contra o carcinoma hepatocelular induzido pela Aflatoxina B1 (AFB1).

Silybum marianum

Foram investigados os efeitos protectores dos extractos polifenólicos de *Sily-bum marianum* e *Cichorium intybus* na hepatotoxicidade induzida por tioacetamida em ratos (Madani *et al.*, 2008). Os extractos foram injectados nos ratos, numa dose de 25 mg kg-1 de peso corporal, juntamente com tioacetamida, numa dose de 50 mg kg de peso corporal. Foi observada uma diminuição significativa na actividade da aminotransferase, fosfatase alcalina e bilirrubina nos grupos tratados com extractos e tioacetamida, em comparação com o grupo que foi tratado apenas com tioacetamida. O nível de Na+, K+ e peso hepático entre os diferentes grupos não foi significativamente alterado. Esta descoberta sugeriu o efeito hepatoprotector dos extractos de *Silybum marianum* e *Cichorium intybus* nas células hepáticas devido à presença de flavonóides e os seus efeitos antioxidantes (Madani *et al.*, 2008).

Camomila capitula

O efeito do extracto etílico de *camomila recutita* capitula (400 mg kg-1, P.O.) no sangue e glutationa do fígado, actividade Na+ K+- ATPase, enzimas marcadoras do soro, bilirrubina do soro, glicogénio e substâncias reactivas do ácido tiobarbutírico contra os danos hepáticos induzidos pelo paracetamol em ratos foram estudados para descobrir o possível mecanismo de hepatoprotecção. Observou-se que o extracto de *camomila recutita* tem efeitos de reversão sobre os níveis dos parâmetros acima mencionados de hepatotoxicidade do paracetamol (Gupta e Misra, 2006) sugerindo a sua actividade hepatoprotectora e/ou hepatoestimulante.

Coccinia grandis

O extracto alcoólico dos frutos de *Coccinia grandis* Linn (Curcubitaceae) foi avaliado em

CCl4- hepato-toxicidade induzida em ratos e os níveis de AST, ALT, ALP, proteínas totais, bilirrubina total e directa foram avaliados. A um nível de dose de 250 mg/kg, o extracto alcoólico (p<0,05) diminuiu significativamente as actividades das enzimas séricas (AST, ALT e ALP) e da bilirrubina que eram comparáveis às da silimarina (Vadivu *et al.*, 2008) revelando o seu efeito hepato-protector.

Wedelia calendulacea

A actividade hepatoprotectora do extracto etanolico de *Wedelia calendulacea* L. (Família: Asteraceae) foi estudada contra a hepatotoxicidade aguda induzida pelo CCl4 em ratos. O tratamento com extracto etanólico de *Wedelia calendulacea* mostrou uma redução dose-dependente do CCl4-- induziu uma actividade sérica elevada de enzimas com aumento paralelo das proteínas totais e bilirrubina, indicando que o extracto poderia aumentar o retorno do estado funcional normal do fígado comparável ao de ratos normais. O peso dos órgãos tais como fígado, coração, pulmão, baço e rim em animais danificados com CCl4 induzidos por hepáticos que receberam extracto etílico de *Wedelia calendulacea* mostrou um aumento sobre o grupo de controlo tratado com CCl4 (Murugaian *et al.*, 2008).

Annona squamosa

Os extractos de *Annona squamosa* (300 & 350 mg/kg pb) foram utilizados para estudar o efeito hepatoprotector em isoniazida + modelo hepatotóxico induzido por rifampicina em ratos albinos Wistar. Houve uma diminuição significativa da bilirrubina total acompanhada por um aumento significativo do nível de proteína total e também uma diminuição significativa da ALP, AST, e ALT no grupo de tratamento em comparação com o grupo hepatotóxico. No estudo histopatológico, o grupo hepatotóxico mostrou necrose hepatocítica e inflamação na região centrilobular com triadite portal. O grupo de tratamento mostrou uma inflamação mínima com triadite portal moderada e a sua arquitectura lobular era normal (Saleem *et al.*, 2008). Num outro estudo, o efeito protector foi avaliado na hepatotoxicidade induzida pela dietil nitrosamina. Este estudo revelou que os extractos de *Annona squamosa* exerciam efeito hepatoprotector e que o extracto vegetal poderia ser um remédio eficaz para danos hepáticos induzidos por produtos químicos (Raj *et al.*, 2009).

Flacourtia indica

Os extractos das partes aéreas de *Flacourtia indica* (Burm. f.) Merr., foram avaliados quanto às propriedades hepato-protectoras. Na necrose hepática paracetamolinizada em modelos de ratazanas, foram encontrados alextractos para reduzir a transaminase sérica de aspartato (AST), a transaminase sérica de alanina (ALT) e a fosfatase sérica alcalina (ALP). As reduções mais significativas do nível sérico de AST e ALT foram exibidas por extractos de éter de petróleo e acetato de etilo numa única dose oral de 1,5g/kg de peso corporal, com uma redução de 29,0% de AST & 24,0% de ALT por extracto de éter de petróleo, e 10,57% de AST & 6,7% de ALT por extracto de acetato de etilo em comparação com animais tratados com paracetamol (3 g/kg de peso corporal). O exame histopatológico também mostrou um bom recenseamento da necrose induzida pelo paracetamol por extractos de éter de petróleo e acetato de etilo. Por outro lado, o extracto de metanol não mostrou qualquer efeito notável na necrose hepática induzida pelo paracetamol. Os efeitos hepatoprotectores exibidos pelo éter de petróleo e pelo extracto de acetato de etilo podem ser mediados através da inibição de enzimas metabolizadoras de microssomas de drogas (Nazneen *et al.*, 2008). Mas, neste estudo, a dose que utilizaram é demasiado elevada e não é bem sucedida ou racional para a dose humana.

Ficus carica

O extracto metanólico das folhas de *Ficus carica* Linn. (Moraceae) foi avaliado para actividade hepatoprotectora em CCl4 - ratos danificados pelo fígado induzido. O extracto com uma dose oral de 500 mg/kg exibiu um efeito protector significativo reflectido pela redução dos níveis séricos de AST, ALT, bilirrubina sérica total, e equivalente de malondialdeído, um índice de peroxidação lipídica do fígado (Krishna *et al.*, 2007).

Lepidium sativum

O papel hepato-protector do extracto metanólico de *Lepidium sativum* numa dose de 200 e 400 mg/kg foi investigado em lesões hepáticas induzidas pelo CCl4 em ratos. Foi encontrada uma redução significativa em todos os parâmetros bioquímicos em grupos tratados com *Lepidium sativum*. As graves alterações gordurosas nos fígados de ratos causadas pelo CCl4Fenugreek (*Trigonella foenum graecum*) é uma erva anual que pertence à família Leguminosae. As sementes de feno-grego são normalmente utilizadas como especiarias em preparações alimentares devido ao seu forte sabor e aroma. As sementes são relatadas como tendo propriedades restauradoras e nutritivas. As sementes de feno-grego têm actividade antioxidante e demonstraram produzir efeitos benéficos, tais como a neutralização do livre foram insignificantes nos grupos tratados com *Lepidium sativum* (Afaf *et al.,* 2008).

Sargassum polycystum

O efeito protector do extracto de etanol de *Sargassum polycystum* foi avaliado na hepatite induzida por Dgalactosamina em ratos. A administração oral prévia de extracto de *S. polycystum* [125mg/kg de peso corporal/dia durante 15 dias] atenuou significativamente ($P<0,05$) os aumentos induzidos pela Dgalactosamina nos níveis de enzimas marcadoras de diagnóstico (AST, ALT e ALP) no plasma de ratos. Também demonstrou actividade antioxidante contra a hepatite induzida por D-galactosamina, inibindo a activação da peroxidação lipídica e preservando o sistema de defesa enzimática hepática e não enzimática antioxidante a um nível quase normal. O potencial antihepatotóxico do *S. polycystum* pode possivelmente dever-se à sua propriedade antioxidante e acção estabilizadora da membrana (Meena *et al.,* 2008).

Solanum nigrum

Os efeitos do extracto de *Solanum nigrum* (SNE) foram avaliados na tioacetamida (TAA) - fibrose hepática induzida em ratos. Os ratos dos três grupos TAA foram tratados diariamente com água destilada e SNE (0,2 ou 1,0 g/kg) através de gastrogavagem durante todo o período experimental. O SNE reduziu a hidroxiloprolina hepática e a - níveis de proteína de acção muscular suave em ratos TAAtreated. O SNE inibiu o colagénio induzido pelo TAA $^{(\alpha 1)}$ (I), transformando o factor de crescimento-$\beta 1$ (TGF-pl) e os níveis de mRNA no fígado. O exame histológico também confirmou que o SNE reduziu o grau de fibrose causado pelo tratamento com TAA. A administração oral de SNE reduz significativamente a fibrose hepática induzida por TAA em ratos, provavelmente através da redução da secreção $^{TGF-\beta 1}$ (Hsieh *et al.,* 2008). Noutro estudo, os efeitos protectores

do ex-tracto aquoso de SN (ASNE) contra danos hepáticos foram avaliados em CCl4 -
induzida hepatotoxicidade crónica em ratos. Os resultados mostraram que o tratamento do
ASNE é significativo.

Cassia roxburghii

Sementes de *Cassia roxburghii* DC tinham sido utilizadas em medicina etno-etno para
várias doenças hepáticas pela sua actividade hepato-protectora. O extracto metanólico de
Cassia roxburghii inverteu a toxicidade produzida pela combinação etanol-CCl4 de forma
dependente da dose em ratos. O extracto nas doses de 250 mg/kg e 500 mg/kg é comparável
ao efeito produzido por Liv-52, uma formulação bem estabelecida à base de plantas
hepato-protectoras contra as hepatotoxinas (Arulkumaran *et al.,* 2009).

Aegle marmelos

As folhas de *Aegle marmelos* (*Bael*, família de Rutaceae) que também é chamada de *Bilva*
em sânscrito antigo, era usada como droga herbal no sistema de medicina indiano. O efeito
hepatoprotector do *Aegle marmelos* em lesões hepáticas induzidas pelo álcool foi avaliado
em ratos usando parâmetros bioquímicos essenciais do marcador. Os resultados indicaram
que, as folhas de *Bael* têm um excelente efeito hepato-protector. Conclusões semelhantes
foram também relatadas por outros trabalhadores (Singanan *et al.,* 2007).

Prostechea michuacana

Metanol, hexano e extractos de clorofórmio de *Prostechea michuacana* (PM) foram
estudados contra lesões hepáticas induzidas pelo CCl4 em ratos albinos. O pré-tratamento
com extracto metanólico reduziu os marcadores bioquímicos das lesões hepáticas,
demonstrando uma redução dependente da dose na peroxidação *in vivo* induzida pelo
CCl4. Do mesmo modo, o pré-tratamento com extractos de PM em hepatotoxicidade
induzida por paracetamol e o possível mecanismo envolvido nesta protecção foram
também investigados em ratos após a administração dos extractos de PM a 200, 400 e
600mg/kg. O grau de protecção foi medido através da monitorização dos perfis
bioquímicos do sangue. O extracto metanólico de orquídea produziu um efeito

hepatoprotector significativo, reflectido pela redução da actividade aumentada das enzimas séricas, e da bilirrubina. Estes resultados sugeriram que o extracto metanólico de PM podia proteger a peroxidação lipídica induzida pelo paracetamol, eliminando assim os efeitos deletérios dos metabolitos tóxicos do paracetamol. Esta actividade hepatoprotectora era comparável à da silimarina. Os extractos de hexano e clorofórmio não mostravam qualquer efeito aparente. Os resultados indicaram que o extracto metanólico de PM pode ser uma fonte potencial de agente hepatoprotector natural (Rosa e Rosario, 2009).

Orthosiphon stamineus

A actividade hepatoprotectora do extracto de metanol de *Orthosiphon stamineus* foi avaliada em modelo de rato induzido por hepatotoxicidade induzida por paracetamol. A alteração dos níveis de marcadores bioquímicos tais como AST, ALT, ALP e peróxidos lipídicos foram testados tanto em grupos tratados com paracetamol como em grupos de controlo (não tratados). O tratamento com o extracto metanólico de folhas de *O. estamina* (200 mg/kg) acelerou o retorno dos níveis alterados de marcadores bioquímicos ao perfil quase normal de forma dose-dependente (Maheswari *et al.,* 2008).

Andrographis Paniculata

Estudos provaram que a actividade antihepatotóxica da Andrographis *paniculata* (Kalmegh) da Andrographis *paniculata* (acanthaceae) extracto metanólico (equivalente a 100 mg/kg de andrographolide) e 761,33 mg/kg ip, do extracto metanólico isento de andrographolida (equivalente a 861,33 mg/kg do extracto metanólico) da planta, utilizando ratos intoxicados com CCl4-. Parâmetros bioquímicos como a transaminase sérica, SGOT e SGPT, fosfatase alcalina sérica, bilirrubina sérica e triglicéridos hepáticos foram estimados para avaliar a função hepática. Os resultados sugerem que o andrographolide é o principal princípio antihepatotóxico activo presente em *A. paniculata*. Outras espécies de *Andrographis*, ou seja, *Andrographis lineata nees* também provaram o efeito hepatoprotector dos extractos de *Andrographis lineate* (Acanthaceae) em CCl4- lesões hepáticas induzidas em ratos. Ratos Wistar machos com lesões hepáticas crónicas, induzidas por injecção subcutânea de 50% v/v de CCl4 em parafina líquida numa dose de

3 mL/kg em dias alternados durante 4 semanas, foram tratados com metanol e extractos aquosos de A. lineata oralmente numa dose de 845 mg/kg/dia. Os parâmetros bioquímicos, tais como a transaminase sérica de glutamato oxaloacetato, a transaminase sérica de glutamato piruvato, a bilirrubina sérica e a fosfatase alcalina foram estimados para avaliar a função hepática. Os exames histopatológicos do tecido hepático corroboraram bem com as alterações bioquímicas. As actividades dos extractos eram comparáveis a um medicamento padrão. Andrographolide, o principal componente antihepatotóxico da planta, exerceu um efeito protector pronunciado em ratos contra a hepatotoxicidade induzida pelo CCl4,Dgalactosamina, paracetamol e etanol Andrographolide inibiu o aumento da actividade induzida pelo CCl4 do glutamato sérico transaminase oxaloacetato, glutamato sérico transaminase pirúvica, fosfatase alcalina, bilirrubina e triglicéridos hepáticos. Danos oxidativos através da geração de radicais livres envolvidos no efeito hepatotóxico do tetracloreto de carbono (CCl4) e do paracetamol (PC). Uma propriedade anti-oxidante do Andrographolide é alegadamente um dos mecanismos do efeito hepatoprotector. Adjuvante ao medicamento de acção hepatoprotectora tem normalmente efeito Antibacteriano, Anti-inflamatório, Imunoestimulador, Antidiarreico, Anti-vírus da imunodeficiência humana (VIH), Antipirético, Antimalárico e Antivenómico, e utilizado em infecções urinárias.

Swertia Chirata

Devido ao efeito de hepatotoxicantes (como o etanol, drogas, químicos e outros), as actividades de aspartato aminotransferase sérica (ASAT), alanina aminotransferase (ALAT), e fosfatase alcalina (ALP) e bilirrubina estão aumentadas, mas os níveis de glicogénio hepático e de colesterol sérico estão diminuídos. Histologicamente, produziu necrose hepatocítica especialmente na região centrilobular. Os tratamentos simultâneos com *Swertia chirata* causaram uma melhoria tanto nos parâmetros bioquímicos como histopatológicos. O medicamento também possui propriedades digestivas, hepáticas (condições relativas ao fígado), tónicas, adstringentes e apetentes e é utilizado em tosse, hidropisia e doenças de pele. *Swertia Chirata* (Chirayata) Os tratamentos simultâneos com *S. Chirata* (Gentianceae) (em doses diferentes, viz. 20, 50, e 100 mg/kg de peso corporal por dia) e (CCl4) causaram melhorias tanto nos parâmetros bioquímicos como histopatológicos, em comparação com o tratamento (CCl4), mas foi mais eficaz quando S.

chirata foi administrado numa dose moderada (50 mg/kg de peso corporal por dia).

Phyllanthus amarus (Bhuiamala)

Extracto etanólico de *Phyllanthus amarus* (Euphorbiaceae), a (0,3g kg (-1) BW 0,2 ml (1) dia (-1) foi dado a todos os grupos excepto aos grupos de controlo (gp. I e gp. V), após 30 min de administração de aflatoxinas. Todo o estudo foi realizado durante 3 meses e os animais foram sacrificados após um intervalo de 30 dias até à conclusão do estudo. O extracto de *Phyllanthus amarus* demonstrou um efeito hepatoprotector ao baixar o conteúdo de substâncias reactivas ao ácido tiobarbitúrico (TBARS) e aumentar o nível reduzido de glutatião e as actividades das enzimas antioxidantes, peroxidase de glutatião (GPx), glutatião-S transferase (GST), superóxido dismutase (SOD) e catalase (CAT).

Morinda citrifolia L. (Noni)

Os efeitos hepatoprotectores do sumo Noni (TNJ) (Rubiaceae) contra os danos hepáticos crónicos induzidos pelo CCl4 em ratos Sprague Dawley (SD) fêmeas. O exame histopatológico revelou que as secções hepáticas do TNJ + CCl4 pareciam semelhantes aos controlos, enquanto que a esteatose hepática típica foi observada no grupo placebo + CCl4. Fosfatase alcalina sérica (ALP), aspartato aminotransferase (AST), alanina transaminase (ALT), colesterol total (TC), triglicéridos (TG), lipoproteínas de baixa densidade (LDL), e lipoproteínas de muito baixa densidade (VLDL) foram aumentadas no grupo placebo em comparação com o grupo TNJ. Em contraste, a lipoproteína de alta densidade (HDL) foi aumentada no grupo TNJ e diminuída no grupo placebo. Assim, o sumo de TNJ parece proteger o fígado de exposições crónicas exógenas de CCl4.

Fumaria indica (Hauskn)

Fumaria indica (Fumariceae) foram estudadas pela sua actividade hepatoprotectora contra o tetracloreto de carbono, paracetamol e heptatotoxicites induzidos por rifampicina em ratos albinos. O extracto éter de petróleo contra o tetracloreto de carbono, o extracto aquoso total contra o paracetamol e o extracto metanólico contra as hepatotoxicidas induzidas por rifampicina mostraram reduções semelhantes nos níveis elevados de alguns dos parâmetros bioquímicos do soro de forma semelhante à da silimarina, indicando o seu potencial como agente hepatoprotector.

Fístula de Cassia (Amaltas)

A actividade Hepatoprotectora do extracto de n-heptanos de folhas de *Cassia fístula* (Fabaceae) foi investigada induzindo hepatotoxicidade com paracetamol em ratos. O extracto com uma dose de 400 mg/kg de peso corporal exibiu oralmente um efeito protector significativo ao baixar os níveis séricos de transaminase (SGOT e SGPT), bilirrubina e fosfatase alcalina (ALP). Os efeitos produzidos foram comparáveis aos de um agente hepatoprotector padrão.

Careya arborea

O extracto de metanol de *Careya arborea bark*, (Myrtaceae) foi testado para actividade antioxidante e hepatoprotectora em ratos portadores de ascites de Ehrlich (EAC) cancerígenas. Os animais de controlo de tumores inoculados com EAC mostraram uma alteração significativa nos níveis de parâmetros antioxidantes e hepatoprotectores. O tratamento do extracto com doses de 50, 100 e 200 mg/kg de peso corporal dadas oralmente provocou uma inversão significativa destas alterações bioquímicas em direcção ao normal no soro. Fígado e rim quando comparados com animais de controlo tumoral, indicando a potente natureza antioxidante e hepatoprotectora do extracto padronizado.

Azadirachta indica (Neem)

O efeito do extracto de folha de *A. indica (Meliaceae)* nos níveis de enzimas séricas (glutamato oxaloacetato transaminase, glutamato piruvato transaminase, fosfatase ácida e fosfatase alcalina) elevado por paracetamol em ratos foi estudado com vista a observar qualquer possível efeito hepatoprotector desta planta. Está estipulado que o grupo tratado com extracto foi protegido dos danos celulares hepáticos causados pela indução do paracetamol. Os resultados foram ainda confirmados pelo estudo histopatológico do fígado. A acção antihepatotóxica do picroliv parece provável devido a uma alteração na biotransformação das substâncias tóxicas, resultando na diminuição da formação de metabolitos reactivos.

Picrorhiza kurroa (Kutki)

A administração de picroliv, uma fracção padronizada da extensão alcoólica de *Picrorhiza kurroa* (Scrophulariaceae) (3-12 mg/kg/dia durante duas semanas) em simultâneo com a infecção por P. berghei mostrou uma protecção significativa contra danos hepáticos em Mastomys natalensis. Os níveis aumentados de glutamato sérico oxaloacetate transaminase (GOT), glutamato piruvato transaminase (GPT), fosfatase alcalina, lipoproteína-X (LP-X) e bilirrubina nos animais infectados foram marcados reduzidos por diferentes doses de picroliv. No fígado, o picroliv diminuiu os níveis de peróxidos lipídicos e hidroperóxidos e facilitou a recuperação da superóxido dismutase e do glicogénio.

Phyllanthus emblica

Extracto de etanol de *Phyllanthus emblica* Linn. (Euphorbiaceous) (PE) induziu uma lesão hepática de rato. O PE (0,5 e 1 mg/ml) aumentou a viabilidade celular dos hepatócitos de rato cultivados primários a serem tratados com etanol (96 pl/m) aumentando % MTT e diminuindo a libertação de transaminase. Pré-tratamento de ratos com PE na dose oral de 25, 50 e 75 mg/kg ou SL (silimarina, um agente hepatoprotector de referência) a 5 mg/kg, 4 h antes do etanol baixar os níveis de AST, ALT e IL- 1beta induzidos pelo etanol. A dose de 75 mg/kg de PE deu o melhor resultado semelhante a SL. O tratamento de ratos com PE (75 mg/kg/dia) ou SL (5 mg/kg/dia) durante 7 dias após 21 dias com etanol (4 g/kg/dia, p.o.) melhorou a recuperação das células hepáticas ao trazer os níveis de AST, ALT, IL-1beta de volta ao normal.

Curcuma longa

Curcuma longa ou açafrão-da-terra é um membro da família das Zingiberaceae que é uma erva perene com rizomas curtos e grossos. O curcuma longa tem sido utilizado extensivamente na medicina tradicional chinesa e no sistema médico ayurvédico. A curcuma longa contém aproximadamente 2% de óleo volátil, composto principalmente de a- e bturmerona, monoterpenos (Leung e Foster 1996), 5% curcuminoides, principalmente curcumina12, minerais, caroteno e vitamina C11. O constituinte activo da Curcuma longa é a Curcumina, que é o pigmento amarelo do curcuma. A actividade hepatoprotectora do extracto de etanol de Curcuma

longa foi investigada contra danos hepáticos induzidos por paracetamol em ratos. Na dose de 600 mg/kg, o paracetamol induziu danos hepáticos em ratos como manifestado pelo aumento estatisticamente significativo da alanina-aminotransferase (ALT) e aspartato aminotransferase (AST) e fosfatase alcalina (ALP). O pré-tratamento de ratos com o extracto etanolico de Curcuma longa (100 mg/kg) antes da dosagem de paracetamol a 600 mg/kg reduziu estatisticamente as três actividades enzimáticas hepáticas do soro. Além disso, o tratamento de ratos com apenas o extracto etanólico de Curcuma longa (100 mg/kg) não teve efeitos sobre as enzimas hepáticas. Este resultado actual sugere que o extracto etanólico de Curcuma longa tem um potente efeito hepatoprotector contra danos hepáticos provocados por paracetamolinas em ratos.

Introdução ao Rim

A população mundial continua a desfrutar da vida feliz desde que se encontre bem. A deterioração da saúde e o envelhecimento são as causas comuns de sofrimento para além da pobreza. Os agentes que são perigosos para os seres humanos são doenças implicadas e as medidas correctivas ainda estão para ser trabalhadas. Se uma pessoa precisa de ter uma vida saudável, os sistemas abaixo indicados estão a funcionar correctamente. Estão listados abaixo, cada pessoa tem 5 grandes sistemas reguladores do organismo.

Eles são

1. Sistema nervoso
2. Sistema respiratório
3. Sistema digestivo
4. Sistema circulatório
5. Sistema excretor

Sistema nervoso: É o sistema de rede muito grande. Espalha-se por todo o corpo.

Órgãos: Cérebro, espinal corda.

Funções: Contracção e relaxamento dos músculos. **(Daveson A N (ed): 1965.)**

Sistema respiratório: É um sistema essencial. Fornece oxigénio a todo o corpo para funções metabólicas.

Órgão: Pulmões

Funções: Troca de gás

Os resíduos metabólicos do produto carbono-di-óxido são expelidos e o oxigénio é inspirado para a actividade metabólica de cada célula. (**Bell GH, Daveson J N & Scarborough1965**).

Sistema digestivo: É o sistema principal que decompõe as moléculas maiores em pedaços menores quebrados e estes são absorvidos no intestino e os nutrientes são circulados juntamente com o sangue para cada célula para a função metabólica.

Órgãos: Estômago, intestino delgado e intestino grosso.

Função: Durante a digestão as partículas maiores são digeridas em pedaços mais pequenos e são absorvidas no intestino os nutrientes circulam no sangue para cada uma das células para a função metabólica. (**Harper HA**. 1979.)

Sistema circulatório: Ao lado do sistema nervoso, é um sistema de rede muito grande. Fornece sangue a todas as células juntamente com os nutrientes digeridos e os gases respiratórios.

Órgãos: Coração e vasos sanguíneos.

Função: Transporta os nutrientes essenciais, minerais, vitaminas, hormonas, gases para todas e cada uma das células do corpo para a actividade metabólica. (**Hawaks : 1965**)

Sistema excretor: É um sistema muito essencial no corpo. É assim porque excreta os resíduos metabólicos do corpo.

Órgão: Os principais órgãos excretores do corpo são o rim, a pele, os pulmões, o tracto gastrointestinal.

Função: Os rins excretam resíduos e substâncias solúveis em água como álcool, éter, etc. Os excrementos do tracto gastrointestinal excretam metais pesados, ácidos gordos, drogas, através da saliva, bílis e intestino grosso.

Todos esses órgãos funcionam correctamente significa que todo o sistema é saudável e activo, eles parecem ser normais, se algum desses órgãos funcionar mal significa que o respectivo sistema seria afectado até mesmo a falha desses órgãos seria possível. Mesmo a morte ocorrerá devido ao mau funcionamento desses órgãos.

DIA MUNDIAL DOS RINS:

O Dia Mundial dos Rins (WKD) é uma campanha global de sensibilização para a saúde, centrada na importância dos rins e na redução da frequência e impacto das doenças renais e dos problemas de saúde a elas associados em todo o mundo. A campanha é celebrada todos os anos na segunda quinta-feira de Março em mais de 100 países em 6 continentes.

A WKD é uma iniciativa conjunta da Sociedade Internacional de Nefrologia (ISN) e da Federação Internacional de Fundações de Rins

KIDNEY:

Os rins são um par de órgãos vitais que desempenham muitas funções para manter o sangue limpo e quimicamente equilibrado. Compreender como funcionam os rins pode ajudar uma pessoa a mantê-los saudáveis.

Os rins desempenham papéis-chave na função corporal, não só filtrando o sangue e eliminando os resíduos, mas também equilibrando os níveis de electrólitos no corpo, controlando a pressão arterial, e estimulando a produção de glóbulos vermelhos.

LOCALIZAÇÃO DO RIM:

Os rins estão localizados no abdómen em direcção às costas, normalmente um de cada lado da coluna vertebral. Recebem o seu fornecimento de sangue através das artérias renais directamente da aorta e enviam o sangue de volta ao coração através das veias renais para a veia cava. (O termo "renal" é derivado do nome latino para rim.

TAMANHO NORMAL DOS RINS

O tamanho normal dos rins de um humano adulto é de cerca de 10 a 13 cm (4 a 5 polegadas) de comprimento e cerca de 5 a 7,5 cm (2 a 3 polegadas) de largura. Um rim pesa aproximadamente 150 gramas. Os rins pesam cerca de 0,5 por cento do peso corporal total. O rim está cheio de vasos sanguíneos. Os vasos sanguíneos são parte integrante de uma função renal eficiente. Cada função do rim envolve sangue, portanto, é necessário um grande número de vasos sanguíneos para facilitar estas funções. Juntos, os dois rins contêm cerca de 160 km de vasos sanguíneos.

PAPEL DO RIM:

Os rins têm a capacidade de monitorizar a quantidade de fluido corporal, as concentrações de electrólitos como sódio e potássio, e o equilíbrio ácido-base do corpo. Filtram produtos residuais do metabolismo corporal, como a ureia do metabolismo proteico e o ácido úrico da decomposição do ADN. Dois produtos residuais no sangue podem ser medidos: azoto de ureia no sangue (BUN) e creatinina (Cr).

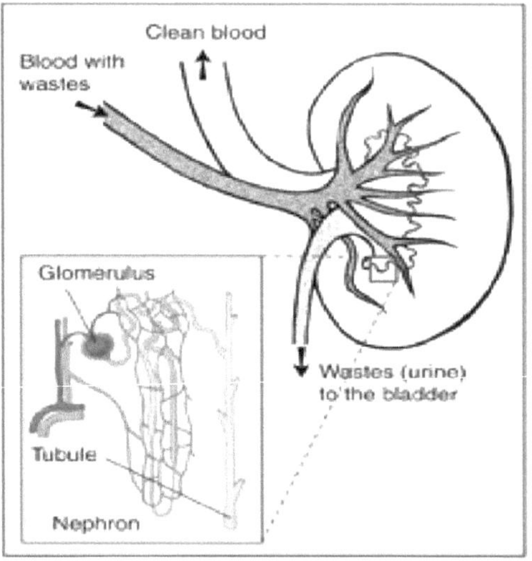

Quando o sangue flui para o rim, os sensores dentro do rim decidem a quantidade de água a excretar como urina, juntamente com a concentração de electrólitos. Por exemplo, se uma pessoa for desidratada por exercício físico ou por uma doença, os rins agarram-se a tanta água quanto possível e a urina torna-se muito concentrada. Quando existe água adequada no corpo, a urina é muito mais diluída, e a urina torna-se clara. Este sistema é controlado pela renina, uma hormona produzida no rim que faz parte dos sistemas de regulação de fluidos e pressão sanguínea do corpo.

Os rins são também a fonte de eritropoietina no corpo, uma hormona que estimula a medula óssea a produzir glóbulos vermelhos. As células especiais dos rins monitorizam a concentração de oxigénio no sangue. Se os níveis de oxigénio descerem, os níveis de eritropoietina aumentam e o corpo começa a fabricar mais glóbulos vermelhos.

Após o sangue filtrado pelos rins, a urina é excretada através do ureter, um tubo fino que o liga à bexiga. É então armazenada na bexiga à espera de urinar, quando a bexiga envia a urina para fora do corpo através da uretra.

Anatomia fisiológica dos rins

Os rins são órgãos vermelho-escuros, em forma de feijão. Um dos lados dos rins é convexo (convexo) e o outro é indentado (côncavo). Há uma cavidade ligada ao lado indentado do rim, chamada **Pélvis Renal...** que se estende até ao **ureter**. Cada rim é fechado numa membrana transparente chamada **cápsula renal...** que ajuda a protegê-los contra infecções e traumas. O rim é dividido em duas áreas principais... uma área externa clara chamada **córtex renal**, e uma área interna mais escura chamada **medula renal**. Dentro da medula existem 8 ou mais secções em forma de cone, conhecidas como **pirâmides renais**. As áreas entre as pirâmides são chamadas de **colunas renais**. (Thieme 2004)

- **Cápsula Renal**: A cobertura membranosa do rim.
- **Cortex**: A camada exterior sobre a medula interna. Contém vasos sanguíneos, glomérulos (que são os "filtros" dos rins), e tubos de urina. É suportado por uma matriz fibrosa.
- **Hilus**: A abertura no meio da fronteira medial côncava para os nervos e vasos sanguíneos para passar para o seio renal.
- **Coluna Renal**: As estruturas que suportam o córtex. Consistem em linhas de vasos sanguíneos e tubos urinários e um material de fbrous.

Kidney Structure

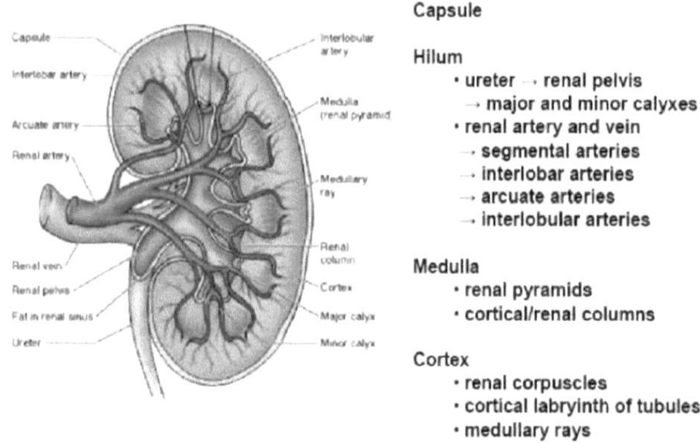

Capsule

Hilum
- ureter → renal pelvis
  → major and minor calyxes
- renal artery and vein
  → segmental arteries
  → interlobar arteries
  → arcuate arteries
  → interlobular arteries

Medulla
- renal pyramids
- cortical/renal columns

Cortex
- renal corpuscles
- cortical labryinth of tubules
- medullary rays

- **Seios renais**: A cavidade que aloja as pirâmides renais.

- **Calyx**: Os recessos na medula interna que seguram as pirâmides. São elas utilizado para subdividir as secções do rim. (plural- calicos)

- **Papilas**: As pequenas projecções cónicas ao longo da parede do seio renal. Têm aberturas através das quais a urina passa para as pápilas. (singular - papila)

- **Pirâmides renais**: Os segmentos cónicos dentro da medula interna. Contêm o aparelho de secreção e os túbulos e são também chamados de *pirâmides malpighianas*.

- **Artéria renal**: Duas artérias renais provêm da aorta, cada uma ligando-se a um rim. A artéria divide-se em cinco ramos, cada um dos quais leva a uma bola de capilares. As artérias fornecem (não filtradas) sangue aos rins. O rim esquerdo recebe cerca de 60 por cento do fluxo sanguíneo renal.

- **Renal vein**: O sangue filtrado regressa à circulação através das veias renais que se juntam à veia cava inferior.

- **Pélvis renal**: Basicamente apenas um funil, a pélvis renal aceita a urina e canaliza-a para fora do hilo para dentro do ureter.

- **Ureter**: Um tubo estreito de 40 cm de comprimento e 4 mm de diâmetro. Passando da pélvis renal para fora do hilo e para baixo até à bexiga. O ureter transporta a urina dos rins para a bexiga por meio de peristaltismo.

Excreção de produtos residuais

A filtração ocorre à medida que o sangue flui através do glomérulo. Algumas substâncias não requeridas pelo organismo, e alguns materiais estranhos (por exemplo, drogas) podem não ser filtrados através do glomérulo. Tais substâncias são limpas por secreção no túbulo e excretadas do corpo na urina.

FUNÇÕES PRINCIPAIS DO RIM.

1) Excreção:

* Mantém a osmologia de plasma

* Mantém o pH do plasma

* Manter a concentração plasmática de electrólitos

* Excretes de produtos nitrogenados do metabolismo de proteínas

2) Não exexcretório:

* Produz renina

* Produz eritropoietina

* Metaboliza a vitamina D

* Degrada a insulina

* Produz prostaglandina

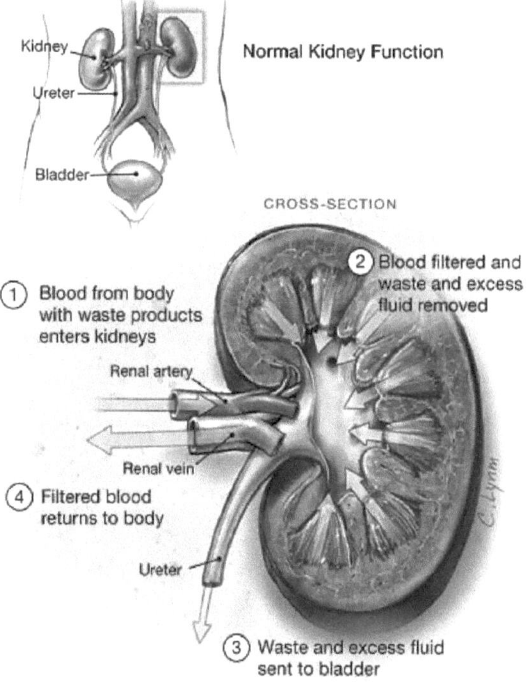

FUNÇÕES PRINCIPAIS DO RIM.

1) Excreção:

* Mantém a osmologia de plasma

* Mantém o pH do plasma

* Manter a concentração plasmática de electrólitos

* Excretes de produtos nitrogenados do metabolismo de proteínas

2) Não exexcretório:

* Produz renina

* Produz eritropoietina

* Metaboliza a vitamina D

* Degrada a insulina

* Produz prostaglandina

Filtração glomerular. A formação da urina começa com a filtração glomerular do plasma. O sangue entra no glomérulo através da arteriole eferente. Esta pressão capilar é oposta pela pressão osmótica coloidal e pela pressão capsular. A diferença entre estas várias pressões é chamada pressão de filtração líquida (NFP). Esta pressão força o fluido e alguns solutos de pequeno tamanho molecular através dos poros das paredes capilares para o lúmen da cápsula de Bowman circundante(**S A Price, L M Wilson, 1992**). O filtrado glomerular é semelhante ao plasma mas carece de proteínas, que são demasiado grandes para passar através dos poros e ficam retidas no sangue. A pressão osmótica do plasma aumenta e a pressão hidrostática diminui à medida que este fluido sem proteínas é filtrado para a cápsula de Bowman. O aumento da pressão osmótica no capilar glomerular é suficiente para reduzir o PFN a zero e parar efectivamente o processo de filtração na extremidade eferente do capilar. A baixa pressão hidrostática e o aumento da pressão oncótica na artéria eferente são transferidos para os capilares peritubulares, e o fluido dos túbulos proximais é reabsorvido. O GFR, normalmente cerca de 125 mL por minuto ou 180 litros por dia, depende de três factores: permeabilidade das paredes capilares glomerulares, pressão sanguínea, e pressão de filtração efectiva. Esta é uma quantidade fenomenal de fluido a ser filtrado quando se considera o tamanho dos rins. Aproximadamente 1 a 2 litros de urina são excretados por dia, deixando 99% do filtrado a ser reabsorvido para os capilares peritubulares e de volta ao sangue. O GFR fornece a melhor estimativa do tecido renal em funcionamento. A folga é o volume de plasma que pode ser eliminado de uma substância dissolvida pelos rins por unidade de tempo. O teste de depuração de creatinina é o melhor método para avaliar com precisão a filtração glomerular. Reabsorção tubular e secreção. O segundo passo na formação da urina após a filtração é a reabsorção selectiva das substâncias filtradas. Três classes de substâncias são filtradas no glomérulo: electrólitos, nenhum electrólito, e água.

* sódio,

* cálcio,

* potássio,

* magnésio,

*   * fosfato,

*   * bicarbonato e cloreto.

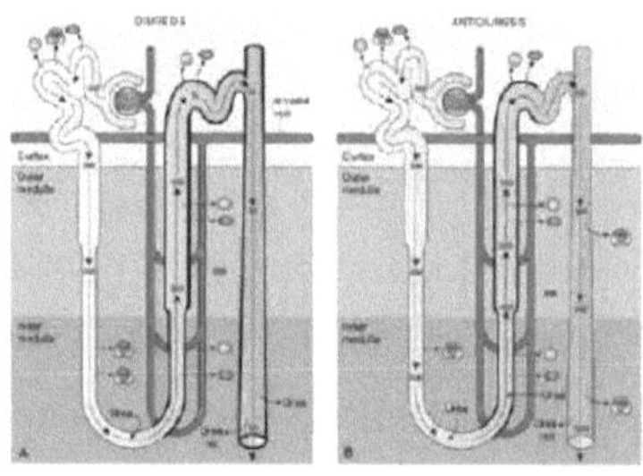

A reabsorção tubular é conseguida através de mecanismos de transporte activos e passivos. O transporte activo requer energia para mover substâncias contra uma concentração de um gradiente electroquímico. Sódio, potássio, cálcio, fosfato e ácido úrico são activamente reabsorvidos. Um mecanismo de transporte é passivo se não requerer energia para mover a substância a ser reabsorvida ou segregada para baixo de um gradiente electroquímico. Ureia, água, cloreto, algum bicarbonato, e alguns fosfatos são reabsorvidos passivamente. O tema da "saúde renal" está a tornar-se cada vez mais importante, dada a crescente incidência de problemas renais. Até recentemente, muito poucas pessoas estavam preocupadas com este tópico. Quase todos estão familiarizados com doenças cardíacas, cancro, AVC, diabetes, e tensão arterial elevada. Embora estas sejam provavelmente as principais causas de problemas de saúde e morte, poucas pessoas se apercebem de que as perturbações renais podem levar a muitas destas doenças degenerativas. Pode estar a perguntar-se como é que as perturbações renais podem levar a doenças cardíacas, acidentes vasculares cerebrais, ou mesmo ao cancro. Bem, se compreender o papel crucial do rim em relação à saúde em geral, isto não será tão difícil de conceber. Uma das principais funções do rim é filtrar o sangue, mantendo-o livre de toxinas e outros produtos residuais. Os rins são também responsáveis por regular e manter a concentração e o volume de sangue. Por outras palavras, os rins ajudam a manter a qualidade e quantidade certas de sangue. Isto é importante de notar uma vez que a qualidade do sangue determina a qualidade da saúde. Algumas das principais funções do sangue incluem: transporte de nutrientes, oxigénio e hormonas em redor do corpo; protecção contra doenças, incluindo células cancerígenas; e ajuda a estabilizar o equilíbrio do pH. Quando o rim não é capaz de desempenhar correctamente as suas funções, o resultado é saúde deficiente ... e eventualmente - morte. A falência renal causa a acumulação de toxinas e resíduos no corpo, e perturba o equilíbrio químico, viscosidade (espessura) e volume do sangue e outros fluidos corporais. Eventualmente, isto pode levar a hipertensão e diabetes que, por sua vez, pode levar a doenças cardíacas e acidentes vasculares cerebrais. Além disso, a qualidade comprometida do sangue leva a um esgotamento do sistema imunitário que aumenta o risco de cancro e de outras doenças graves. Dada a extrema importância dos rins na manutenção de uma boa saúde, o tema da saúde dos rins deve ser examinado de perto. O cuidado dos rins é extenso e incorpora princípios de saúde que não se limitam apenas aos rins, mas têm impacto sobre uma vasta gama de princípios gerais de saúde. É importante lembrar que os rins são apenas uma parte de um sistema biológico humano muito complexo. Cada elemento deste sistema está de alguma forma ligado ou relacionado com os outros elementos dentro deste sistema. Ao olhar para o cuidado dos rins, portanto, é preciso expandir o âmbito para além do justo.

INSUFICIÊNCIA RENAL:

A insuficiência renal pode ocorrer a partir de uma situação aguda ou de problemas crónicos. Na insuficiência renal aguda, a função renal perde-se rapidamente e pode ocorrer a partir de uma variedade de insultos ao corpo. A lista de causas é frequentemente categorizada com base no local onde a lesão ocorreu.

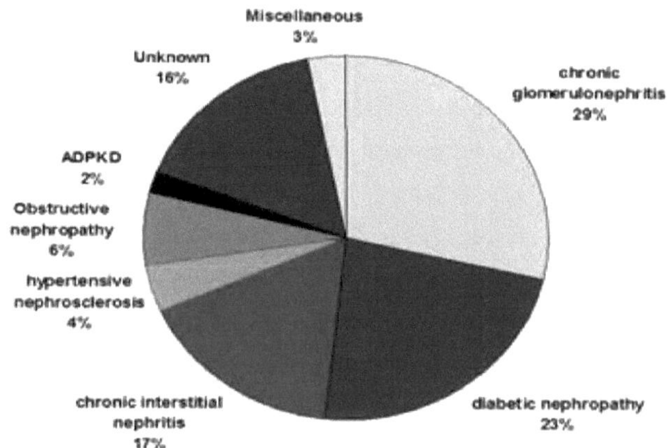

As causas pré-renais (pré=antes + renal=rins) são devidas à diminuição do fornecimento de sangue ao rim. Exemplos de **causas pré-renais de insuficiência renal** são:

- hipovolemia (baixo volume de sangue) devido à perda de sangue;
- desidratação por perda de fluido corporal (por exemplo, vómitos, diarreia, sudação, febre);
- má ingestão de fluidos;

- Os medicamentos, por exemplo, diuréticos ("comprimidos de água") podem causar perda excessiva de água; e fluxo sanguíneo anormal de e para o rim devido a obstrução da artéria ou veia renal.

As causas renais de insuficiência renal (danos directamente no próprio rim) incluem:

- **Sepsis: O** sistema imunitário do corpo é sobrecarregado pela infecção e causa inflamação e paragem dos rins. Isto normalmente não ocorre com infecções do tracto urinário.

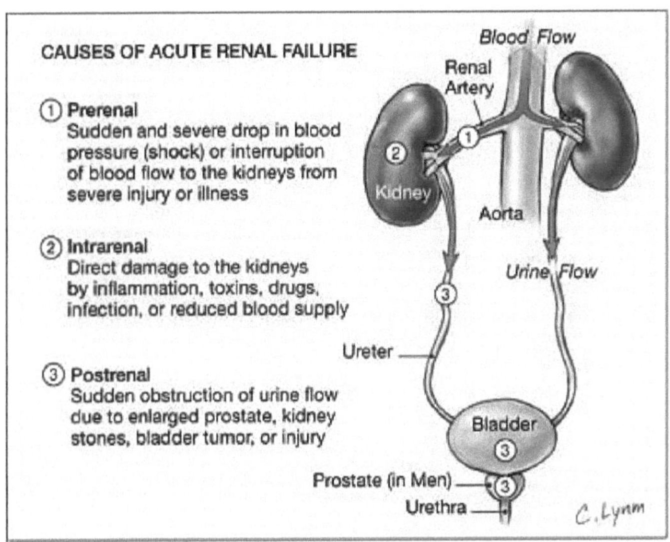

- **Medicamentos:** Alguns medicamentos são tóxicos para o rim, incluindo medicamentos anti-inflamatórios não esteróides como ibuprofeno e naproxeno. Outros medicamentos potencialmente tóxicos incluem antibióticos como aminoglicosídeos [gentamicina (Garamycin), tobramicina], lítio (Eskalith, Lithobid), medicamentos contendo iodo, tais como os injectados para estudos de corantes radiológicos.

- **Rabdomyolysis:** Esta é uma situação em que há uma ruptura muscular significativa no corpo, e as fibras musculares danificadas obstruem o sistema de filtragem dos rins. Pode ocorrer devido a traumatismos, lesões por esmagamento, e queimaduras. Alguns medicamentos utilizados para tratar o colesterol elevado podem causar rabdomiólise.

- **Mieloma múltiplo**

- Glomerulonefrite aguda ou inflamação dos glomérulos, o sistema de filtragem dos rins. Muitas doenças podem causar esta inflamação, incluindo o lúpus eritematoso sistémico, a granulomatose de Wegener e a síndrome de Goodpasture.

As causas pós renais de insuficiência renal (pós=após + renal= rim) são devidas a factores que afectam a saída da urina:

- A obstrução da bexiga ou do ureter pode causar uma contrapressão porque os rins continuam a produzir urina, mas a obstrução age como uma barragem, e a urina volta a entrar nos rins. Quando a pressão aumenta o suficiente, os rins são danificados e fecham.
- A hipertrofia prostática ou cancro da próstata pode bloquear a uretra e impedir que a bexiga se esvazie.
- Tumores no abdómen que rodeiam e obstruem os ureteres.

- Pedras nos rins. Normalmente, as pedras nos rins afectam apenas um rim e não causam falência renal. No entanto, se houver apenas um rim presente, uma pedra no rim pode causar a falha do rim isolado.

A insuficiência renal crónica desenvolve-se ao longo de meses e anos. As causas mais comuns de insuficiência renal crónica estão relacionadas com:

- diabetes mal controlada,
- tensão arterial elevada mal controlada, e
- glomerulonefrite crónica.

As causas menos comuns de insuficiência renal crónica incluem:

- doença renal policística,
- nefropatia de refluxo,

- pedras nos rins, e
- doença da próstata.

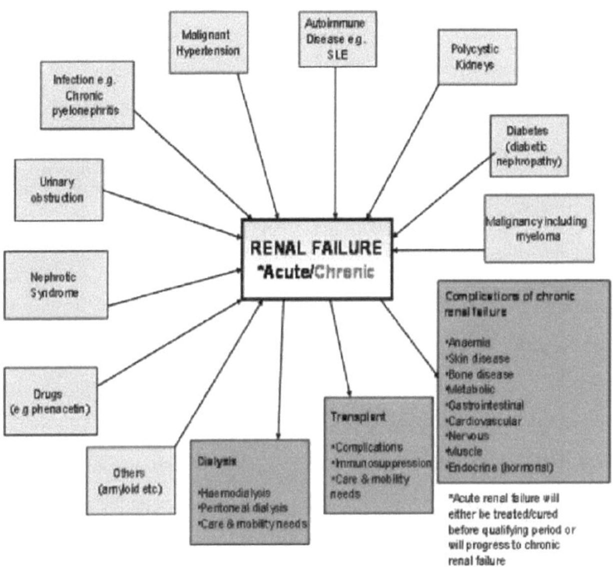

Causas comuns das doenças renais

- As doenças do rim podem ser causadas por uma série de factores. A maioria das doenças dos rins não têm necessariamente origem nos próprios rins, mas podem resultar de condições de saúde em outras partes do corpo. A Diabetes Mellitus (causada pelo mau funcionamento do pâncreas que produz pouca ou nenhuma insulina) é um bom exemplo. A hipertensão (ou tensão arterial elevada) é outro exemplo, não só de uma causa mas também de um sintoma de doença renal. Em média, os rins recebem mais de 180 litros (50 gal) de sangue por dia. Isto significa que assumem uma pesada carga de trabalho de equilibrar os produtos químicos no sangue e remover os resíduos. A tensão arterial elevada, por conseguinte, coloca um stress adicional sobre os rins, danificando-os. Além disso, os rins desempenham um papel importante na regulação da pressão sanguínea. A hipertensão arterial é, portanto, uma indicação de que os rins não são

a funcionar tão bem quanto deveriam. A este respeito, a *hipertensão é única*, na medida em que é simultaneamente causa e sintoma principal de doenças renais. As infecções bacterianas são também responsáveis por doenças do rim. Na realidade, a forma mais comum de doença renal, conhecida como **pielonefrite** (inflamação do rim), é causada por infecção bacteriana. A maioria destas infecções começa na bexiga e alastra-se para os rins. A infecção do tracto urinário é um bom exemplo de uma infecção que começa na uretra ou na bexiga, mas pode também afectar os rins. Os rins, contudo, também podem ser afectados por bactérias que infectam outros órgãos. Por exemplo, as bactérias que causam a tuberculose podem por vezes viajar dos pulmões para os rins e infectá-los. A função renal também pode ser afectada quando o sistema imunitário do corpo é prejudicado. Os anticorpos e outras substâncias que formam grandes partículas na corrente sanguínea podem ficar presos nos glomérulos dos rins, causando inflamação.

- **O bloqueio dos rins** é outro factor que pode afectar negativamente os rins. É possível que músculos danificados libertem grandes quantidades de proteínas na corrente sanguínea, bloqueando os nefrónios. As funções renais também podem ser afectadas pelo bloqueio que não se encontra directamente nos rins. Por exemplo, uma obstrução que afecta o fluxo de urina no tracto urinário pode prejudicar os rins.

- **A pedra nos rins** é um exemplo de doença renal que resulta em grande parte de uma dieta pobre. O cancro do rim , em alguns casos, pode ser o resultado de más escolhas de estilo de vida. Embora a causa exacta do cancro renal não seja conhecida, existe uma forte associação entre o cancro renal e o tabaco.

- **Os defeitos de nascença** ou desordens hereditárias nos rins também podem ser a causa de doenças renais. Um exemplo de uma condição renal causada por desordem hereditária ou genética é o cisto renal. Esta condição não é geralmente classificada como doença, uma vez que na maioria dos casos não afecta o funcionamento normal dos rins. Há outra condição que é semelhante ao cisto renal mas é muito mais grave. Chama-se doença renal policística.

PEDRA KIDNEY:

Uma pedra nos rins é um material mineral duro, cristalino, formado dentro do rim ou do tracto urinário. Os cálculos renais são uma causa comum de sangue na urina (hematúria) e muitas vezes dores fortes no abdómen, flanco ou virilha. As pedras nos rins são por vezes chamadas cálculos renais.

A condição de ter pedras nos rins é denominada nefrolitíase. Ter pedras em qualquer local do tracto urinário é referido como urolitíase, e o termo *ureterolitíase* é utilizado para se referir a pedras localizadas nos ureteres

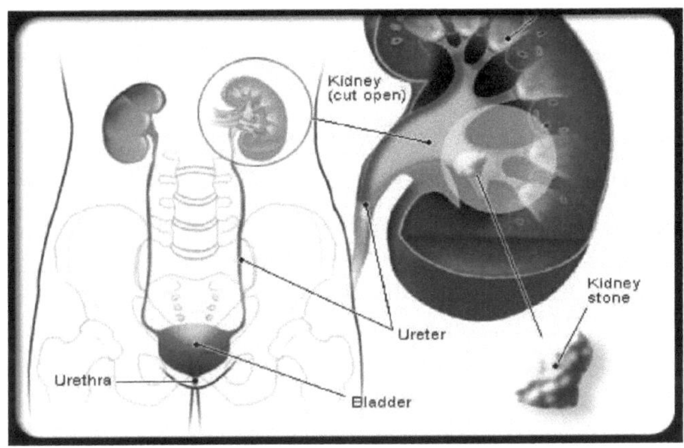

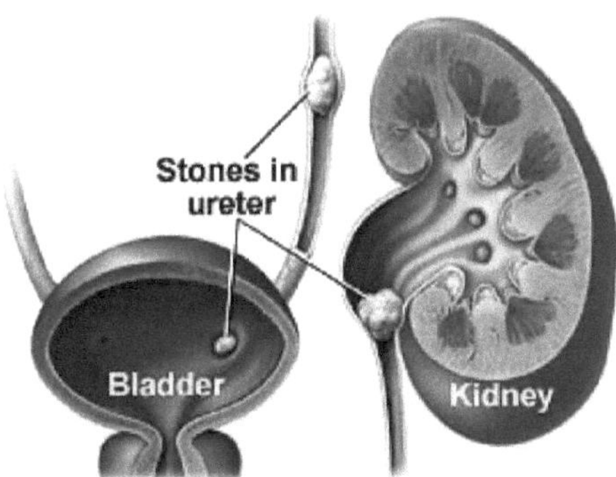

Pedras biliares e pedras nos rins não estão relacionadas. Formam-se em diferentes áreas do corpo. Alguém com uma pedra nos rins não é necessariamente mais susceptível de desenvolver pedras nos rins.

CAUSAS DE PEDRAS NOS RINS:

Uma série de condições médicas diferentes pode levar a um risco acrescido de desenvolvimento de pedras nos rins:

- **Gota**.
- **Hipercalciúria** (elevado teor de cálcio na urina)

- hiperparatiroidismo,

- Cistinúria hiperoxalúria.

- Doenças crónicas como a diabetes e a hipertensão arterial (hipertensão arterial) estão também associadas a um risco acrescido de desenvolvimento de cálculos renais.

- **Pessoas com doença inflamatória intestinal**.

- **Alguns medicamentos** também aumentam o risco de pedras nos rins. Estes medicamentos incluem alguns diuréticos, antiácidos contendo cálcio, e o inibidor da protease indinavir (Crixivan), um medicamento utilizado para tratar a infecção pelo VIH.

- **Factores dietéticos**

Alimentos e bebidas que contêm Oxalate

As pessoas propensas a formar pedras de oxalato de cálcio podem ser solicitadas pelo seu médico para limitar ou evitar certos alimentos se a sua urina contiver um excesso de oxalato.

Alimentos com alto teor de oxalatos - mais alto a mais baixo

- espinafres

- beterrabas
- gérmen de trigo
- bolachas de soja
- amendoins

- chocolate
- chá preto indiano
- batata doce

Os alimentos que têm quantidades médias de oxalato podem ser consumidos em quantidades limitadas.

Alimentos de médio-oxalato - mais alto a mais baixo

- grits

- uvas

- aipo

- pimenta verde

- bolo de fruta

- morangos

- geléia de marmelada

- fígado

Diferentes tipos de Pedras Rins

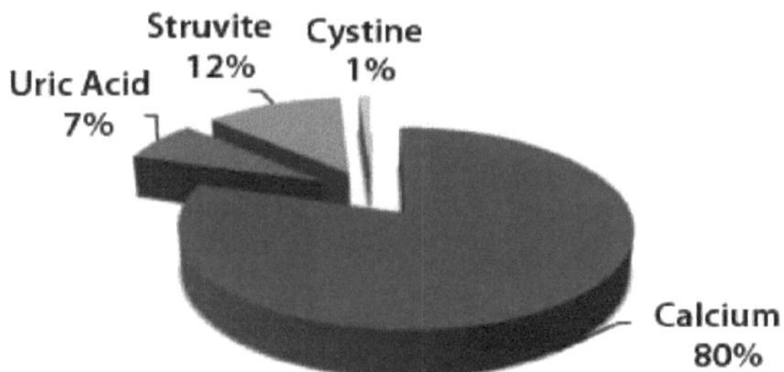

As pedras nos rins podem ser constituídas por uma variedade de substâncias, mas existem quatro tipos básicos... Pedras de cálcio, pedras Stuvite, pedras de ácido úrico e pedras de cistina.

PEDRAS DE CÁLCIO 

Os tipos mais comuns de pedras nos rins são **pedras de cálcio.** Aproximadamente 80% de todos os cálculos renais são classificados como pedras de cálcio. São compostos principalmente de oxalato de cálcio ou fosfato de cálcio. Estes cálculos estão frequentemente associados a níveis elevados de cálcio no sangue e na urina. Durante um período de tempo, níveis excessivos de cálcio podem levar à formação de pedras de cálcio. Níveis elevados de cálcio no sangue podem ser resultado de outras condições de saúde. Estes incluem o paratiroidismo e o mieloma múltiplo. Uma dieta pesada em hidratos de carbono refinados (especialmente açúcar), carne (especialmente carne vermelha), e aves de capoeira, estão entre os principais factores que contribuem para os cálculos de cálcio. Outro factor que contribui é a desidratação. Isto provoca a concentração da urina, aumentando assim a probabilidade de formação de cálculos (**Hoffmans WS:** 1970)

PEDRAS DE ESTRUVITE

As pedras Struvite (também referidas como pedras nos rins de Staghorn) representam aproximadamente 10% de todas as pedras nos rins. Estes tipos de pedras nos rins são compostos por magnésio e pelos resíduos de amoníaco. Estes tipos de cálculos estão geralmente associados a pacientes que tiveram casos repetidos de infecções bacterianas do tracto urinário. Também ocorrem mais frequentemente em mulheres do que em homens. As bactérias que causam infecções do tracto urinário produzem uma substância que torna a urina menos ácida... o que indica que não está a ser excretado ácido suficiente na urina. Quando a urina se torna menos ácida, a estruvite é então capaz de se assentar e formar pedras.

PEDRAS DE ÁCIDO ÚRICO

Estes tipos de pedras nos rins representam apenas cerca de 5% de todas as pedras nos rins. Os cálculos de ácido úrico resultam da alta concentração de ácido úrico na urina, e estão frequentemente associados à gota. *(A gota é uma desordem causada por um excesso de ácido úrico na corrente sanguínea, que se deposita nas articulações... causando inflamação e destruição das articulações.)Os* cálculos de ácido úrico formam-se quando pedaços de ácido úrico começam a unir-se. Ao longo do tempo, desenvolve-se uma massa sólida, resultando na formação de pedra nos rins. (**Barão DN**:1982)

PEDRAS CISTINAS

Apenas cerca de 2% de todas as pedras nos rins são pedras de cistina. Estes tipos de cálculos renais são geralmente causados por uma condição conhecida como cistinúria. Esta condição está geralmente presente no nascimento e afecta a capacidade do doente de processar adequadamente os aminoácidos. Isto provoca a formação de cálculos compostos de cistina (um tipo de aminoácido) no rim ou na bexiga. A maioria dos tipos de cálculos renais pode ser prevenida adoptando proactivamente uma dieta e hábitos de vida saudáveis. As pessoas com uma história pessoal ou familiar de pedras nos rins devem estar conscientes dos tipos de pedras nos rins a que são propensos. Isto ajuda na formulação de medidas apropriadas (tais como dieta, exercício, consumo de água, etc.) que podem ajudar a prevenir a recorrência.

TRATAMENTO DA PEDRA NOS RINS :

O tratamento depende do tamanho e tipo de pedra, da causa subjacente, da presença de qualquer infecção urinária, e se a condição se repete. Pedras de 4 mm e menores (menos de 1/4 polegadas de diâmetro) passam sem intervenção em 90% dos casos; as de 5-7 mm passam em 50% dos casos; e as maiores de 7 mm raramente passam sem um procedimento cirúrgico. Os pacientes são aconselhados a evitarem tornar-se demasiado sedentários, porque a actividade física, especialmente o caminhar, pode ajudar a mover uma pedra. **(Stephen W. Leslie, M.D., F.A.C.S. et al 10 Jun 1998)** Medicamentos chamados bloqueadores alfa têm demonstrado aumentar a passagem espontânea de pedras nos rins, especialmente pedras mais pequenas no uréter inferior perto da bexiga. Estes medicamentos têm a capacidade de relaxar a tensão muscular no interior do uréter. Este relaxamento serve para melhorar as taxas de passagem espontânea de pedras em cerca de 30%. Exemplos de medicamentos bloqueadores alfa incluem a tamsulosina (Flomax®), alfuzosina (Uroxatral®), terazosina (Hytrin®), e doxazosina (Cardura®). Se estiver a tentar passar uma pedra, pergunte ao seu médico sobre como experimentar um destes medicamentos. Se possível, o cálculo renal é permitido passar naturalmente e é recolhido para análise. O doente é instruído a esticar a sua urina para obter o(s) cálculo(s) para análise. É importante analisar a composição química dos cálculos renais para ajudar a determinar como evitar a formação de cálculos renais recorrentes. A urina pode ser esticada utilizando uma rede de aquário ou outro dispositivo. Cada anulo deve ser esticado até o médico instruir o doente em contrário. Podem ser necessárias alterações na dieta e a ingestão de líquidos deve ser aumentada. Os doentes com cálculos devem aumentar a sua produção urinária. Geralmente, recomenda-se 2000 cc de urina por dia (ligeiramente mais de 1/2 galão) e os doentes devem beber água suficiente para produzir esta quantidade de urina diariamente. Em alguns casos (por exemplo, alguns formadores de pedras de cistina), são necessários níveis ainda mais elevados de ingestão de líquidos. O cálcio dietético normalmente não deve ser severamente restringido. A redução da ingestão de cálcio causa frequentemente problemas com outros minerais (por exemplo, oxalato) e pode resultar num risco mais elevado de doença das pedras de cálcio.

Testes Preventivos

A única forma de identificar definitivamente as causas subjacentes às pedras nos rins é realizar uma **análise de recolha de urina durante 24 horas.** Este teste deve ser feito idealmente após o doloroso ataque de pedras nos rins ter terminado e o paciente ter retomado a sua dieta habitual e as suas actividades de rotina. A realização do teste não é difícil, mas a interpretação dos resultados pode ser complicada e muitos médicos têm pouca ou nenhuma experiência neste tipo de análises laboratoriais complexas. Se possível, tente encontrar um especialista em análise de prevenção de cálculos renais para ajudar ou perguntar ao seu médico sobre a sua experiência nesta área em particular. Se o seu urologista não estiver à vontade para analisar este tipo de dados de teste, peça a um especialista que o encaminhe. Outro problema com os testes de urina de 24 horas é a necessidade de cumprimento a longo prazo por parte do doente. A maioria dos doentes começa com a melhor das intenções, mas após 6 meses, ou seja, muitos doentes desistiram dos seus tratamentos preventivos e voltam aos seus velhos hábitos. A fim de prevenir o maior número possível de pedras, os doentes devem fazer o teste de urina de 24 horas para que as causas subjacentes possam ser identificadas. Depois, devem encontrar um médico especializado nesta área e seguir os seus conselhos a longo prazo, mesmo que pensem que não está a ajudar. Os doentes com cálculos são formadores de cálculos renais para toda a vida e se o tratamento preventivo não for continuado, mais cálculos começarão a formar-se. Além disso, mesmo o melhor plano de tratamento preventivo pode eventualmente falhar. Isto não se deve à má ciência, mas ao facto de que a prevenção das pedras nos rins é uma luta contra a natureza. Um tratamento bem sucedido significa muitas vezes não desistir mesmo que uma pedra ocasional se desenvolva. As cinco descobertas mais comuns em testes de urina 24 horas são hipercalciúria (elevado teor de cálcio urinário), hiperuricosúria (elevado teor de ácido úrico urinário), hiperoxalúria (elevado teor de oxalato urinário), hipocitratúria (baixo teor de citrato urinário) e baixo volume urinário.

Hipercalciúria

Tiazidas, comprimidos de água (diuréticos), são por vezes prescritos para reduzir os níveis elevados de cálcio urinário (hipercalciúria) e para aumentar o volume urinário. A ingestão de sal (sódio) precisa de ser reduzida para que os tiazidas sejam eficazes. Os doentes com hipercalciúria que não respondem à terapia com tiazida podem ser prescritos ortofosfatos para reduzir a absorção de cálcio e podem receber restrições moderadas de cálcio na dieta. Os doentes não devem reduzir a sua ingestão de cálcio, a menos que os seus médicos os aconselhem a fazê-lo. **(Cantarow-A & Schepartz,B :** 1970.) Está demonstrado que restrições orais excessivamente agressivas ao cálcio aumentam de facto a doença da pedra cálcica. A razão para isto é que o cálcio liga outros minerais e químicos como o oxalato no tracto digestivo. Se a ingestão oral de cálcio for demasiado baixa, então não há ligação do oxalato intestinal e a absorção do oxalato e excreção urinária aumenta dramaticamente. Isto resulta num aumento líquido na produção de pedra nos rins.

Hiperuricosúria

Os pacientes com níveis elevados de ácido úrico (hiperuricosúria) são aconselhados a reduzir o excesso de proteína de carne dietética. O citrato de potássio (medicação que mantém o nível de antiácido na urina) e/ou alopurinol (medicação que pára a produção de ácido úrico) também podem ser prescritos. Se o nível sanguíneo de ácido úrico for elevado, então o alopurinol é normalmente utilizado. Se as pedras forem pedras de ácido úrico puro, então a suplementação com citrato de potássio é geralmente recomendada.

Hiperoxalúria

A hiperoxalúria (níveis elevados de oxalato urinário) pode ser ligeira, entérica ou primária. A hiperoxalúria leve é geralmente causada por um excesso de oxalato alimentar (encontrado no chá, chocolate, cola, nozes e vegetais de folhas verdes). A prevenção consiste em doses diárias de piridoxina (vitamina B-6), que reduz a excreção de oxalato, aumento de fluidos, terapia com fosfatos, e por vezes suplementação de citrato de cálcio. Prescreve-se uma dieta pobre em oxalatos e gorduras, aumento da ingestão de fluidos, e suplementação de cálcio para a **hiperoxalúria entérica**. Esta condição rara é frequentemente grave e é geralmente causada por uma desordem intestinal (por exemplo, doença de Crohn, colite). O citrato de cálcio, magnésio, ferro e colestiramina podem ser administrados para reduzir os níveis de oxalato. (**Latner AL: Cantarow & Trumper :** 1975).

A hiperoxalúria primária é rara, grave, e causada por uma doença hepática hereditária. A hiperoxalúria primária requer tratamento agressivo para prevenir doenças graves do cálculo renal e insuficiência renal. São prescritas doses elevadas de vitamina B-6, ortofosfatos, suplementos de magnésio, e aumento da ingestão de líquidos (para produzir 2 litros de urina/dia). Raramente, são necessários transplantes de rins e fígado.

Hipocitraturia

A hipocitraturia (baixos níveis de citrato urinário) requer normalmente um suplemento prescrito, tal como o citrato de potássio. A dosagem depende do nível de citrato urinário, que é determinado inicialmente pelo teste de urina de 24 horas, mas também pode ser monitorizado através da medição do nível de antiácido urinário (ph) com baquetas especiais. Os doentes com acidose tubular renal respondem geralmente particularmente bem ao tratamento com suplementos de citrato de potássio prescritos. Os citrinos e o sumo de limão também podem ser utilizados como fontes adicionais de citrato de potássio natural.

Baixo volume de urina

O baixo volume urinário é simultaneamente o problema mais fácil e o mais difícil de resolver. Pode ser muito difícil para muitos doentes pedregosos aumentar significativamente o seu nível de fluidos diariamente durante longos períodos de tempo. O aumento da ingestão de líquidos é o único remédio conhecido que ajuda todos os tipos de pedras, independentemente da composição química das pedras. Embora o aumento da ingestão de fluidos seja frequentemente difícil no início, existem algumas técnicas úteis para facilitar a transição. Primeiro, tente beber um pequeno copo de água, aproximadamente 4 onças, com cada refeição. Depois, aumente lentamente a frequência desse copo extra pequeno desde as refeições até ao intervalo entre as refeições e outros momentos convenientes. Siga o volume de urina de 24 horas - se o volume estiver próximo dos 2000 cc (cerca de % galão), então provavelmente está a ir bem. Uma vez o volume urinário até onde deve estar, o seu sistema irá ajustar-se e habituar-se-á a este aumento do líquido. Nesse momento, ficará com sede se saltar um pouco a sua habitual ingestão de água. Medir o volume de urina 24 horas é uma forma muito melhor de gerir a ingestão de líquidos do que um número arbitrário de copos de água para beber. Se não aguentar mais água, experimente a limonada feita com sumo de limão verdadeiro para quebrar a monotonia. O verdadeiro sumo de limão também é rico em citratos naturais.

Cistinúria

O tratamento para níveis elevados de cistina na urina (cistinura) inclui o aumento substancial da ingestão de líquidos e o aumento do pH da urina (geralmente com bicarbonato de sódio ou citrato de potássio). Penicilamina (Cuprimina®) e tiopronina (Thiola®) também podem ser prescritas. ®®

Medicação para a dor

Os analgésicos de venda livre (por exemplo, aspirina, Tylenol® , Advil®) geralmente não são eficazes por si só para as dores mais graves causadas por pedras nos rins. No entanto, pode tentar uma combinação de Aleve® , Advil®, ou Motrin® mais Tylenol® para dores mais leves. Analgésicos opiodais, tais como acetaminofeno/codeína (Tylenol com codeína®), propoxifeno HCL (Darvon®),hidrocodona/acetaminofena (Vicodin®) e oxicodona/acetaminofena (Percocet®) podem ser prescritos para minimizar a dor moderada associada às pedras. Medicamentos injectáveis tais como sulfato de morfina (Duramorph PF®), hidromorfone (Dilaudid®), e ketorolac HCL (Toradol®) podem ser administrados por via intravenosa (IV) ou intramuscular (por injecção) para dor severa. Há um risco de dependência com analgésicos narcóticos orais utilizados durante mais de 3-4 semanas de cada vez e um pequeno risco de overdose acidental se forem administrados medicamentos injectáveis directamente numa veia.

Os efeitos secundários destes medicamentos incluem o seguinte:

- Obstipação
- Drowsiness
- Náusea
- Respiração lenta (respiração)
- Vómito

As náuseas e vómitos podem ser reduzidos utilizando medicamentos tais como proclorperazina edisilato (Compazine®), prometazina HCL (Phenergan®), e metoclopramida HCL (Reglan®).

Medidas preventivas de pedras nos rins: O Sumo de Laranja Combate o Sumo de Laranja com Pedras nos Rins Pode Evitar a Repetição de Pedras nos Rins Melhor do que Alguns Outros Citrinos Os investigadores dizem que muitas pessoas assumem que todos os sumos de citrinos impedem a formação de pedras nos rins. Mas estes resultados sugerem que nem todos os sumos de citrinos têm o mesmo efeito protector em pessoas em risco para a condição dolorosa. As pedras nos rins desenvolvem-se quando os minerais e outros químicos na urina se tornam demasiado concentrados. Com o tempo, estes cristais ligam-se para formar uma pedra. As pessoas que tiveram uma pedra nos rins correm um risco elevado de pedras recorrentes e são aconselhadas a fazer alterações na dieta e no estilo de vida para abrandar a taxa de formação de novas pedras.

Pedras de Citrato Lento de Rim

Estudos demonstraram que os suplementos de citrato de potássio podem retardar a formação de pedras nos rins. Para essas pessoas, beber sumos de citrinos, que contêm uma forma natural de citrato, pode oferecer uma alternativa aos suplementos. O citrato ajuda a prevenir a formação de pedras nos rins, permitindo mais citrato na urina e diminuindo a acidez da urina. (Web MD Health News Louise Chang, MD) Os resultados mostraram que o sumo de laranja aumentou os níveis de citrato na urina e diminuiu a acidez da urina, o que reduziu o risco de cálculos renais. Mas a limonada não teve o mesmo efeito. "O sumo de laranja pode potencialmente desempenhar um papel importante na gestão da doença do cálculo renal e pode ser considerado uma opção para pacientes que são intolerantes ao citrato de potássio, (**Clarita Odvina, MD).** Odvina diz que ingredientes adicionais em sumos de citrinos podem afectar a sua eficácia na redução do risco de desenvolvimento de novos cálculos renais. Por exemplo, o citrato em sumo de laranja e toranja é acompanhado por um ião de potássio, enquanto que o citrato em sumo de limonada e arando é acompanhado por um próton. Ela diz que o protão pode neutralizar os efeitos de diminuição do ácido destes sumos.

OUTROS MÉTODOS DE TRATAMENTO :

- Mudanças no estilo de vida
- Terapia médica

- Tratamento Cirúrgico
- Litotripsia Extracorpórea da Onda de Choque Extracorpórea
- Nefrolitotomia percutânea
- Remoção ureteroscópica de pedras

II. Análise fitoquímica e actividade antimicrobiana do rei dos amargos

Androgarphispaniculata contra micróbios patogénicos

Introdução

Actualmente, o foco na utilização de abordagens da medicina herbal para tratar doenças tem sido revigorado em todo o mundo para o bem-estar humano e cuidados de saúde (Salka et al 2011; Negi et al 2008). As plantas medicinais são consideravelmente úteis e economicamente essenciais. A utilização de plantas medicinais para tratar várias doenças foi aceite entre as pessoas devido aos seus menos ou nenhuns efeitos secundários (Akbar 2011). Os medicamentos fitoterápicos têm-se tornado cada vez mais populares e a sua utilização é generalizada (Dharmadasa et al 2013). Tradicionalmente, as plantas têm muitos compostos activos como alcalóides, esteróides, taninos, e compostos fenólicos, flavonóides, resinas e ácidos gordos gengivais, pelo que têm fornecido uma fonte de inspiração para novos compostos de medicamentos têm dado grandes contribuições para a saúde humana.As plantas medicinais são o mais rico recurso biológico de fármacos dos sistemas tradicionais de medicina, modernmedicinas, suplementos alimentares, medicamentos populares, intermediários farmacêuticos e entidades químicas para drogas sintéticas (Suparna et al 2014). Nos últimos anos, várias novas doenças foram estabelecidas em países ricos em população e também as doenças existentes são a resistência aos medicamentos antimicrobianos comerciais (Shah 2005). Por conseguinte, é necessário desenvolver novos medicamentos para o tratamento de doenças infecciosas de plantas medicinais (Cordell, 2000; Roy et al 2010).

A nível mundial, a doença infecciosa é a causa número um de mortes, representando aproximadamente metade de todas as mortes em países tropicais. Talvez não seja surpreendente ver estas estatísticas nos países em desenvolvimento, mas o que pode ser notável é que as taxas de mortalidade por doenças infecciosas estão de facto a aumentar nos países desenvolvidos, como os Estados Unidos (Pinner et al, 1996). A prevalência de infecções nosocomiais tem vindo a aumentar continuamente com o *Staphylococcus aureus* resistente à meticilina. A resistência aos agentes terapêuticos disponíveis e o desenvolvimento limitado de novos agentes ameaçam agravar a carga de infecções e cancros que já são a principal causa de morbilidade e mortalidade (Hamill et al, 2008; Mishra et al, 2013).Hoje em dia, a resistência às drogas múltiplas desenvolveu-se devido ao uso indiscriminado de drogas antimicrobianas comerciais comummente utilizadas no tratamento de doenças infecciosas (Sevice, 1995). Para ultrapassar estes problemas, é necessário procurar continuamente outras fontes de novas drogas medicinais, especialmente de plantas naturais. As plantas herbáceas são utilizadas para os seus compostos activos, pois as drogas terapêuticas são seguras sem efeitos secundários.

Andrographis paniculata é uma planta herbácea, classificada sob a família das Acanthaceae. Cresce erecta até uma altura de 30-110 cmin lugares húmidos e sombrios, localmente é conhecida como Nilavembu, Sirunangai, Siriyanangai. Tem muitas aplicações medicinais (Doss e Kalaichelvan 2012). É o melhor agente antibacteriano contra várias bactérias patogénicas clínicas (Akbar 2011, (Niranjan et al 2010).

Materiais e métodos

Recolha de folhas de plantas

As folhas foram recolhidas de Wandiwash, TN, Índia. As folhas das plantas recolhidas foram lavadas com água corrente de fita adesiva e água destilada. As folhas lavadas foram secas à sombra à temperatura ambiente durante 3-5 dias e trituradas em pó fino. Depois de serem mantidas em recipiente hermético e utilizadas para extracção de solventes. As folhas

em pó foram sujeitas a extracção com água aquosa, etanol e acetona, utilizando aparelhos

de soxhlet.

Preparação de extractos aquosos

Cerca de 10 g de pó de folhas secas foram misturados com 100 ml de água destilada estéril

e mantidos num agitador de banho de água durante 12 h a 40°C. Posteriormente, foi filtrado

através do papel de filtro Whatman No 1, depois o filtrado foi recolhido e utilizado para

reacções químicas preliminares de cor do grupo fitoquímico.

Preparação de extractos de acetona e metanol

O procedimento de extracção dos extractos de acetona é o pó e a acetona solvente e a água

na proporção de 4: 1. Cerca de 25 g de pó de folhas secas foram extraídos utilizando 100

ml do solvente de extracção acetona em soxhletat 55°C durante 48 h. O extracto de metanol

foi preparado utilizando 80% de metanol solvente com 25 g de pó seco em soxhlet a 60°C

durante 48 h. Os extractos foram então concentrados por evaporação sob ar seco. Estes

extractos foram utilizados para o rastreio fitoquímico preliminar diferente para a análise de

vários grupos fitoquímicos.

Rastreio fitoquímico

Os três extractos assim obtidos foram analisados para uma triagem fitoquímica preliminar

seguindo os protocolos padrão. A presença de alcalóides e flavonóides foi estimada de

acordo com o método descrito por Harborne (1973) e Edeoga et al (2005)

respectivamente.Saponins e taninos foram realizados utilizando o método descrito por

Farnsworth (1966). Os glicosídeos foram estimados utilizando o método adoptado por

Haborne (1973) e outros constituintes fitoquímicos são esteróides, terpenóides e

Triterpenóides, seguidos por Siddiqui e Ali, (1997). Sugars- Benetic'stest, teste de cloreto

de fenol-Ferric, estimativa de proteínas feita pelo método de Lowry(Siddiqui e Ali, 1997).

Ensaio de actividade antimicrobiana

Testar estirpes bacterianas

As estirpes bacterianas *Bacillus subtilis. Klebsiellapneumonia, E. coli, Staphylococcus aureus e Candida spused* no presente estudo foram obtidas de Microlabs, Tamilnadu, Índia. As culturas *Bacillus subtilisandKlebsiellaplanticola* foram compradas a Microlabs, Chandigarh, Índia.

Método de difusão do poço de ágar

O ensaio qualitativo da actividade antibacteriana de extractos de plantas foi realizado por metodologia padrão, isto é, método de difusão de poço de ágar. O meio antibacteriano Muller Hinton Agar foi utilizado neste estudo. Diferentes volumes de extractos de plantas em bruto foram dissolvidos em água destilada (10 mg/ml). As bactérias patogénicas foram cultivadas em caldo de nutrientes durante 24 horas e trocadas nas placas de petriglicerina contendo ágar Muller Hinton. Na placa de ágar MHA, cerca de 6 mm de diâmetro foram feitos por punção de gel. Extractos diluídos com diferentes concentrações (25, 50, e 75 p.L) foram aplicados no poço e as placas foram incubadas a 37°C durante 24 h. A actividade antibacteriana foi testada através da medição do diâmetro da zona de inibição formada à volta do poço.

Resultados e Discussão

Componentes fitoquímicos da *Andrographis paniculata*

A análise fitoquímica do extracto de folhas aquosas, etanol e acetona de *Andrographis paniculata* foi testada positiva para a presença de Triterpenoides, Açúcares Redutores, Taninos, Alcalóides, Flavonóides e Saponinas (Quadro 1). As plantas *Andrographis paniculata* eram plantas tradicionais, utilizadas na medicina herbácea. A análise química e os ensaios bioquímicos são aspectos muito importantes na avaliação farmacognostica das plantas medicinais (Choudhury et al., 2009; Harborne, 1973).

Quadro 1 Componentes fitoquímicos do extracto aquoso, etanol e acetona de folhas de *A. paniculata*

compostos	Extracto aquoso	Etanol extracto	Acetona extracto
Cor do extracto	Castanho esverdeado	Verde-amarelado	Castanho-amarelado
Sugars	+	+	-
Proteínas	+	+	+
Alcaloides	+/-	+	-
Esteróides	-	+	-
Triterpenoides	-	-	+
Flavonóides	+	+	+
Glycosides	-	+	+
Terpenoides	-	-	+
Fenol	+	+	-
Taninos	+	+	-
Saponins	+	+	-

O extracto aquoso de *A. paniculata* tem resultado positivo para a presença de açúcares, proteínas, alcalóides, flavonóides e taninos. Alcalóides presentes em baixa quantidade. Os esteróides, triterpenóides, glicosídeos e fenol estavam ausentes no extracto aquoso. No extracto etanolico estavam ausentes os triterpenóides e o fenol, os açúcares e os taninos estão presentes em baixa quantidade. Outros constituintes fitoquímicos foram expostos. O extracto de acetona confirmou a presença de proteínas, triperpenóides, flavonóides, glicosídeos, e fenol. Sabe-se que os vários compostos fitoquímicos detectados têm importância benéfica na ciência medicinal (Okekeet *al*, 2001). Foi demonstrado que o rastreio fitoquímico preliminar mostrou que o extracto etanolico contém todos os metabolitos bioactivos. Assim, ithas actividades superiores.

Actividade antibacteriana

Foi também investigada a actividade antimicrobiana das folhas de *A.paniculata* aquosa, etanol e acetona contra sete espécies bacterianas, incluindo *E.coli, Staphylococcus aureus, Pseudomonas aeruginosa, Bacillus subtilis, Klebsiellapneumonia, K. planticola,* e *Candida sp.* De todas as concentrações testadas, foi observada actividade antimicrobiana directa da E.coli. *paniculataextracts* para agentes patogénicos humanos. O extracto aquoso,etanol e acetona de *A.paniculataleaves* mostrou potencial actividade antimicrobiana contra *K. pneumoniae* na concentração aumentada (75 p.L). A actividade antibacteriana foi aumentada ao mesmo tempo que aumentava a concentração de extractos.

Quadro 2 Actividade antibacteriana do extracto aquoso de *A. paniculata* contra bactérias patogénicas

Microrganismos	Concentração de extracto/ zona de inibição			
	25µL	50µL	75µL	*Ciprofloxacin*
E.coli	9	11	13	14
Pseudomonas aeruginosa	12	14	17	15
Staphylococcus aureus	10	13	15	14
Klebsiellapneumoniae	14	16	19	15
Bacillus subtilis	15	17	18	20
Candida sp	11	14	15	22
Klebsiellaplanticola	10	12	14	13

Quadro 3 Actividade antibacteriana do Extracto de Etanol de *A. paniculata*

Microrganismos	Concentração de extracto/ zona de inibição			
	25µL	50µL	75µL	*Ciprofloxacin*
E.coli	10	12	14	15
Pseudomonas aeruginosa	12	15	18	17

Staphylococcus aureus	11	14	17	15
Klebsiellapneumoniae	15	18	21	20
Bacillus subtilis	13	16	18	22
Candida sp	11	15	16	19
Klebsiellaplanticola	9	11	13	12

Quadro 4 Actividade antibacteriana do Extracto de Acetona de *A. paniculata*

Microrganismos	Concentração de extracto/ zona de inibição			
	25µL	50µL	75µL	*Ciprofloxacin*
E.coli	8	10	11	14
Pseudomonas aeruginosa	10	11	13	17
Staphylococcus aureus	7	8	10	15
Klebsiellapneumoniae	11	13	15	20
Bacillus subtilis	13	14	16	18
Candida sp	9	10	13	15
Klebsiellaplanticola	10	12	14	22

Efeitos antimicrobianos dos extractos aquosos, etanol e acetona de A. paniculata mostrados no quadro 2, 3 e 4 e na figura 1. Entre estes três extractos, os extractos de etanol mostram uma elevada eficácia antimicrobiana. A concentração inibitória mínima do extracto é de 25 p.L. *Candida sp* são dermatófitos que causaram doenças de pele. Extracto de etanol de

A. paniculata mostra uma alta actividade de inibição de cerca de 16 mm de diâmetro a 75 p.L de concentração. A maior actividade inibitória foi observada contra a *pneumonia K.*, que causam a febre pneumonia. Estes resultados do rastreio da actividade antibacteriana mostram que o extracto de etanol de folhas de *A. paniculata* é uma medicina herbal alternativa e eficaz contra a *pneumonia de K.* e bactérias MRSA. Esta actividade inibitória pode ser devida à presença de alcalóides, flavonóides e compostos fenólicos presentes nos extractos brutos.

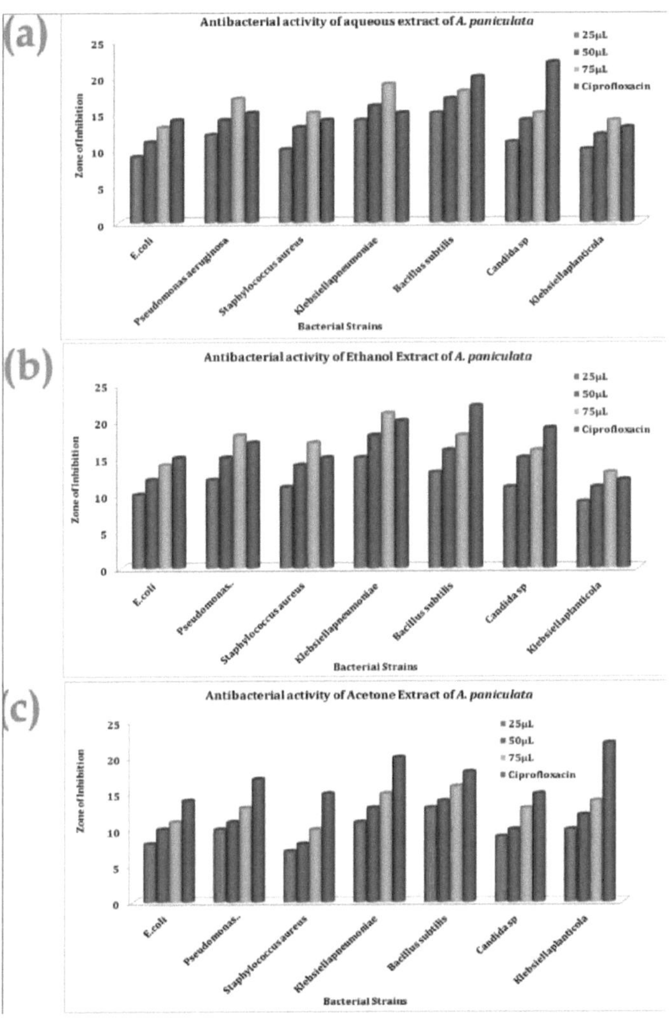

Figura 1: Actividade antimicrobiana das folhas de *A.paniculata*, Etanol e extracto de Acetona

Sabe-se que os vários compostos fitoquímicos detectados têm uma importância benéfica na ciência medicinal. Diz-se que o fenolsare oferece resistência a doenças e é responsável pela maior parte da actividade antioxidante nas plantas (Aliyu et al., 2009). Flavonóides

mostrar antialérgicos, anti-inflamatórios, anti-microbianos e anti canceractivities(Aiyelaagbe et al., 2009). Os alcalóides têm sido utilizados para tratar doenças como a malária e os glicosídeos servem como mecanismos de defesa contra muitos microrganismos. A saponina protege a planta contra micróbios e fungos. Os extractos desta planta mostraram actividades antimicrobianas variadas quando comparados com o antibiótico padrão. Os resultados sugerem que a actividade antimicrobiana desta planta pode contribuir para a sua alegada actividade como medicamento terapêutico contra patogénios humanos.

Conclusão

A. paniculata é a planta medicinal indiana geat com muitos fitoquímicos e vigorosamente envolvida na matança de microrganismos. Dos resultados acima referidos pode-se concluir que os extractos de plantas têm grande potencial como antibactericompostos contra microrganismos e que podem ser utilizados no tratamento de doenças infecciosas causadas por microrganismos resistentes.

III. Actividade antimicrobiana de extractos aquosos, etanol e acetona de folhas de Sesbania grandiflora e a sua caracterização fitoquímica

Introdução

O herbalismo é um sistema medicinal tradicional para erradicar as várias doenças utilizando as plantas medicinais e os compostos activos derivados de plantas. Nos últimos anos, o foco na utilização de abordagens não tradicionais para o tratamento de doenças tem sido reavivado em todo o mundo. Os extractos de plantas medicinais emitidos durante séculos em todo o mundo em curas tradicionais, remédios fitoterápicos e medicina ashomeopática (Gowri et al 2010). Aproximadamente 70-80% da população mundial depende de plantas medicinais tradicionais (Prabhu e Lakshmipathy 2012). As plantas têm uma variedade quase infinita de metabolitos que é muito útil para os seres humanos (Suresh et al., 2011). As provas recolhidas até agora mostram um imenso potencial de plantas medicinais utilizadas em sistemas tradicionais.

Actualmente, muitas bactérias e fungos têm sido afectados pelas pessoas em várias condições anormais. Surgiram agentes antibacterianos e antifúngicos comerciais agora em uso. Os micróbios são resistentes a estes agentes antimicrobianos comerciais enquanto que a longo prazo são utilizados no tratamento de doenças. O género dos *fungosCandida* é composto por um grupo extremamente heterogéneo de organismos com *C. albicans que são as* espécies mais patogénicas e o agente predominante da candidíase. Várias das outras espécies menos frequentes de *Candida*, que tendem a ser menos susceptíveis às antifúngicas comummente utilizadas, surgiram recentemente como agentes patogénicos oportunistas significativos (Lipsett, 2006; Colombo andGuimaraes, 2003; Guinea et al.,2006). A resistência aos antifúngicos está a tornar-se rapidamente um grande problema devido ao aparecimento crescente de estirpes resistentes. Isto resultou no aumento drástico da incidência de infecções fúngicas oportunistas e sistémicas testemunhadas durante a última década (Clancy et al., 2006; Hakki et al 2006). Nos países em desenvolvimento, a OMS estima que cerca de três quartos da população depende de preparações à base de plantas utilizadas no seu sistema medicinal tradicional e como a necessidade básica de cuidados de saúde primários humanos (Kaneria et al 2009).Por conseguinte, para verificar isto no presente trabalho, foi levada a cabo uma tentativa de reensaio do levantamento fitofarmacológico preliminar da *Sesbaniagrandiflora e* caracterizar os seus efeitos antimicrobianos contra bactérias e fungos oportunistas (*Candida sp*).

*Sesbaniagrandiflora L.*é uma planta medicinal indiana vulgarmente conhecida como Agathi é uma planta amplamente disponível que pertence à família Fabaceae; é uma árvore de ramificação aberta com até 15m e 39cm de diâmetro (Nadkarni, 1927). É cultivada no sul ou oeste da Índia no vale de Ganga e em Bengala (Kirtikarbasu, 1991). Casca, folhas, gomas e flores têm potencial medicinal. O pó de casca seca é utilizado em cosméticos. Diz-se que um extracto aquoso de planta é tóxico para as baratas. A planta utilizada em desordens cólicas, icterícia, estado de envenenamento, varíola, febre eruptiva, epilepsia, etc. (Alli et al 2011; Mbatchou et al 2011). Diferentes partes desta planta são utilizadas no sistema Siddha da medicina tradicional indiana para o tratamento de um amplo espectro de doenças, incluindo anemia, bronquite, febre, dores de cabeça, oftalmia, catarro nasal, inflamação, lepra, gota e reumatismo. As flores e folhas jovens de *S.grandifloraare são* comestíveis e são frequentemente utilizadas para complementar refeições. As folhas secas de *S. grandifloraare* utilizadas em alguns países como chá que é considerado como tendo propriedades antibióticas, anti-helmínticas, (Gobal e Arina 2001; Gupta et al 2008) anti - tumor (Baker et al 1995) e contraceptivas. Além disso, a sesbânia é mencionada como um potente antídoto para o tabaco e doenças relacionadas com o tabagismo (Ghani, 1998). Neste estudo relatamos que a caracterização fitoquímica de extractos aquosos, etanol e acetona de plantas *S. grandifloraand de* valor medicinal disponíveis localmente, também para estudar as suas actividades antimicrobianas.

Materiais e métodos

Recolha de folhas de plantas

As folhas foram recolhidas de Vandhavasi. . As folhas das plantas recolhidas foram lavadas com água corrente de fita adesiva e água destilada. As folhas lavadas foram secas à sombra à temperatura ambiente durante uma semana e moídas com a ajuda de uma mistura e transformadas em pó fino. Depois de serem mantidas em recipiente hermético e utilizadas para extracção de solventes. As folhas em pó foram submetidas para extracção com água, etanol e acetona, utilizando aparelhos de soxhlet.

Extracção aquosa

Cerca de 10 g de folhas em pó foram misturadas com 100 ml de água bidestilada estéril e incubadas num agitador de banho-maria durante 12 h a 40°C. Depois a mistura foi filtrada através do papel de filtro Whatman No 1, depois o sobrenadante foi recolhido e utilizado para análise fitoquímica preliminar.

Extracção de acetona e metanol

Um 25gm de folhas em pó foram extraídas com solventes orgânicos utilizando o aparelho Soxhlet. Estes foram sucessivamente extraídos com 80% de etanol a 60°C durante 48 h e 70% de acetona a 55°C durante 48 h. O extracto obtido foi ainda filtrado com papel de filtro Whatman No 1 e depois evaporado. Após a evaporação, a amostra foi em forma de pó (forma concentrada) e esta forma foi armazenada a 4°C sem qualquer outra utilização. Durante o ensaio, o composto bioactivo foi diluído utilizando água bidestilada de soro fisiológico padrão (0,9%, NaCl). Estes extractos foram utilizados para o rastreio fitoquímico preliminar diferente para a análise de vários grupos fitoquímicos.

Rastreio fitoquímico

Os três extractos assim obtidos foram analisados para uma triagem fitoquímica preliminar seguindo os protocolos padrão (Brindha et al 1981; Evans e Trease, 1994; Kokate et al 2009; Edeogaet al 2005).

Teste para Alcalóides

A presença e ausência de alcalóides foi testada pelo Teste de Wagner. Ao extracto (1 ml) adicionar 1 ml de reagente de Wagner preparado misturando 2 g de iodo e 6 g de iodeto de potássio em 100 ml de água destilada. A formação de precipitado castanho-avermelhado foi uma indicação da presença de alcalóides.

Teste para os taninos (Teste do cloreto férrico)

Aos 5 ml de extracto adicionar algumas gotas de 1% de solução de cloreto férrico e notar a cor da reacção. A formação de precipitado de cor verde indica a presença de taninos.

Teste para saponinas

Cerca de 5 ml de extractos diluídos foram tomados num tubo de ensaio e agitados vigorosamente e mantidos durante 5 minutos. A formação de camada de espuma indica a presença de saponinas.

Teste para glicosídeos

Foram adicionados cerca de 2 ml de extractos de folhas concentradas, colhidos num tubo de ensaio e adicionada uma quantidade (10 ml de H_2SO_4 a 50%). A mistura foi aquecida num agitador de banho-maria durante 15 min. a esta mistura adicionaram-se 2 ml de solução de Fehling e depois a mistura foi fervida. O desenvolvimento de um precipitado vermelho tijolo indicava a presença de glicosídeos nos extractos.

Teste para flavonóides

Foram colhidos 2 ml de cada extracto em tubo de ensaio separado, adicionando algumas gotas de solução de hidróxido de sódio. A cor amarela foi formada e tornou-se incolor, enquanto a adição de ácido sulfúrico diluído confirmou a presença de flavonóides.

Teste de proteína

Aos extractos de folhas aquosas, etanol e acetona adicionar 1 ml de Reagente de Biureto (40% NaCl& 1% $CuSO_4$). O reagente azul transforma-se em violeta na presença de proteínas. **Teste para triterpenoides**

O extracto foi tratado com solução de estanho e cloreto de tionilo e a formação da cor rosa indica a presença de triterpenóides.

Teste para os açúcares

Cerca de 10 ml de extracto foram fervidos com 3-4 gotas de soluções A e B de Fehling durante 2 minutos em banho-maria. A formação de cor vermelha é a indicação da presença de açúcares redutores.

Teste de fenol

Aos extractos adicionar 3-4 gotas de solução de cloreto férrico a 5% e observar a formação de cor azul escura ou escura que pode indicar a presença de fenol nos extractos.

Teste para esteróides

Ao extracto de folha adicionar algumas gotas de anidrido acético, aquecido e arrefecido sob água da torneira e adicionar algumas gotas de ácido sulfúrico concentrado e observar a carga de cor violeta a verde indica a presença de esteróides.

Teste para terpenóides

Foram tomados cerca de 5 ml de cada extracto de folha e acrescentados 2 ml de clorofórmio e 3 ml de ácido sulfúrico concentrado, notando-se a formação de camada e cor. Uma coloração castanha avermelhada da interface confirma a presença de terpenóides.

Ensaio de actividade antimicrobiana

O extracto de *S. grandiflora* foi testado quanto à actividade antimicrobiana pelo método de difusão do poço de ágar contra bactérias patogénicas Gram positivas e negativas são *Bacillus subtilis. Klebsiella pneumonia, Klebsiellaplanticola, E. coli, Staphylococcus aureus, Pseudomonas* aeruginosa *e Candida sp.* Foram dissolvidos diferentes volumes de extractos de plantas brutas em água destilada (10 mg/ml). O meio de ágar Muller Hinton foi utilizado para o cultivo de bactérias. A cultura nocturna fresca de cada estirpe foi esfregada uniformemente nas placas individuais, utilizando cotonetes esterilizados. Foram feitos 6 poços em cada placa de ágar Muller Hinton com 5 mm de diâmetro. Depois, os extractos diluídos com diferentes concentrações (25, 50 e 75 p.L) foram vertidos em cada poço em todas as placas. O medicamento comercial Ciprofloxacin foi mantido como controlo e incubado durante 24 h a 37°C. Após a incubação, foram medidos os diferentes níveis de zonação formados à volta do poço.

Resultados e Discussão

Rastreio de constituintes fitoquímicos

As folhas em pó de *Sesbaniagrandifloraextraídas* com diferentes solventes. O extracto resultante foi seco ao ar até se obter o peso constante do extracto vegetal. O extracto vegetal foi então realizado para as características fitoquímicas até à identificação de vários constituintes fitoquímicos.

As plantas podem ser constituídas por muitos constituintes químicos como alcalóides, glicosídeos, hidratos de carbono, proteínas, esteróides, taninos, saponinas, flavonóides, etc. Estes constituintes químicos são chamados como metabolitos secundários e são responsáveis pelos efeitos terapêuticos. Para verificar a presença ou ausência destes metabolitos secundários em extractos aquosos, etanol e acetona foram submetidos a reacções coloridas de testes químicos.

A análise fitoquímica preliminar do extracto aquoso de *S. grandiflora* revelou a presença de alcalóides, taninos, flavonóides, açúcares, fenol, terpenóides e proteínas e ausência de saponinas, glicosídeos, triterpenóides e proteínas. O extracto de etanol confirmou a presença de alcalóides, taninos, saponinas, glicosídeos, flavonóides, fenol, esteróides, terpenóides e proteínas e a ausência de triterpenóides e açúcares. O extracto de acetona revelou a presença de alcalóides, taninos, saponinas, glicosídeos, triterpenóides e terpenóides. Os taninos, flavonóides, alcaloides e esteroides estavam mais frequentemente presentes em extractos alcoólicos do que em extractos aquosos e acetona foi confirmada com base na intensidade da cor de formação das reacções.

Foram executados vários testes para descobrir a presença de constituintes fitoquímicos nos diferentes extractos de folhas derivadas de solventes. Os resultados demonstraram que cada fitoquímico tem a capacidade de ser extraído com diferentes solventes (Pimpornet *al.*, 2011). Isto pode diferir de acordo com a polaridade do solvente (Arun et al., 2014). O extracto de folha etílico mostrou que extraiu a maior parte dos compostos e isto confirma que o metanol está a ser utilizado como solvente em centros Ayurveda para extracção de compostos bioactivos (Malviaet *al.*, 2013). Assim, a polaridade do solvente é a principal característica dos mesmos a serem utilizados como base para a extracção. A nossa experiência avaliou claramente que o extracto de etanol pode ser utilizado como um solvente de extracção activo e

também a evaporação do etanol é quase imediata.

Quadro 1: Componentes fitoquímicos de extracto aquoso, etanol e acetona de folhas de *S. grandiflora*

compostos	Extracto aquoso	Etanol extracto	Acetona extracto

Cor do extracto	Castanho esverdeado	Verde-amarelado	Castanho-amarelado
Alcaloides	+	++	+
Taninos	++	++	+
Saponins	-	++	+
Glycosides	-	++	++
Flavonóides	-	+	-
Triterpenoides	-	-	+
Sugars	++	-	-
Fenol	+	+	-
Esteróides	-	++	-
Terpenoides	++	+	++
Proteínas	+	+	-

+ = presente, - = ausente, ++ = muito presente

Quadro 2: Actividade antibacteriana do extracto aquoso de folhas de *S. grandiflora* em diferentes concentrações

Quadro 2

Concentração	25µL	50µL	75µL	*Ciprofloxacin*
E.coli	06	07	09	12
Pseudomonas aeruginosa	08	09	11	13
Staphylococcus aureus	09	13	15	12
Klebsiella pneumonia	08	10	12	11
Bacillus subtilis	07	08	10	14
Candida sp	10	12	15	11

Klebsiellaplanticola	06	07	10	13

Tabela 3: Actividade antibacteriana do extracto de Etanol de folhas de _S. grandiflora_ em diferentes concentrações

Concentração	**25μL**	**50μL**	**75μL**	_Ciprofloxacin_
E.coli	07	09	11	12
Pseudomonas aeruginosa	08	10	13	14
Staphylococcus aureus	12	17	18	15
Klebsiella pneumonia	09	12	14	13
Bacillus subtilus	07	10	13	14
Candida sp	11	13	14	11
Klebsiellaplanticola	06	08	12	12

Quadro 4: Actividade antibacteriana do extracto de Acetona de folhas de _S. grandiflora_ em diferentes concentrações

Concentração	**25μL**	**50μL**	**75μL**	_Ciprofloxacin_
E.coli	07	09	11	12
Pseudomonas aeruginosa	08	10	12	12
Staphylococcus aureus	09	12	16	15
Klebsiella pneumonia	08	09	11	10
Bacillus subtilus	10	11	13	11
Candida sp	10	12	14	13
Klebsiellaplanticola	09	11	12	14

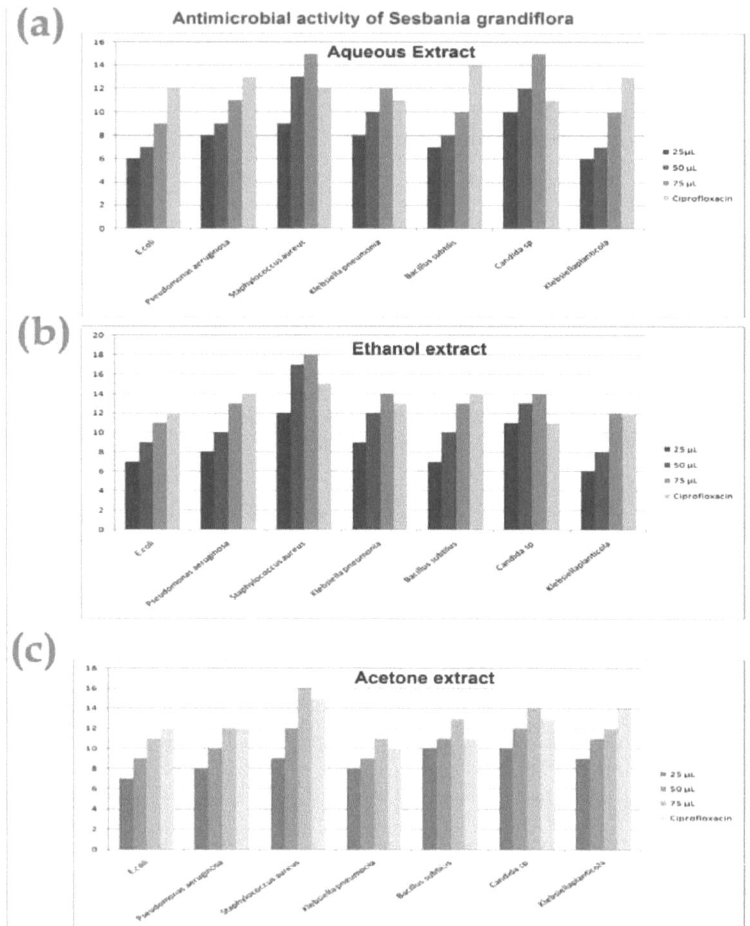

Actividade antibacteriana

A actividade antibacteriana do extracto de folha foi realizada para determinação da actividade inibidora bacteriana e inibidora da concentração mínima dos extractos. Todos os extractos mostraram uma actividade inibitória significativa em todas as estirpes de bactérias. As concentrações mínimas inibidoras das bactérias pelos extractos indicam que os extractos actuam geralmente com dose baixa. O extracto de etanol era activo em estirpes resistentes à meticilina e às dermatófitas. De facto, o crescimento inibido de *S. aureus* e *Candida sp.* A actividade antibacteriana foi aumentada ao mesmo tempo que aumentava a concentração de extractos. A concentração inibitória mínima é de 50 p.L mostrou uma zona alta de inibição.

Entre estes três extractos, o extracto de etanol mostrou uma actividade inibitória máxima devido à presença de alcalóides, taninos, saponinas, fenol e esteróides. Estes metabolitos secundários responsáveis pela actividade antimicrobiana. Os taninos são responsáveis pela actividade antimicrobiana, adstringência (Chung, 1998 e Okwu, e Josiah, 2006) e os compostos de fenol têm a actividade biológica de tais como antiapoptose, antienvelhecimento, anticarcinogénio, e antiinflamação (Singh et al. 2007), bem como a inibição da angiogénese e actividades de proliferação celular. As saponinas têm demonstrado amplamente propriedades como precipitação e coagulação dos glóbulos vermelhos (Shi et al., 2004). A planta tem propriedades medicinais devido à presença destes fitoquímicos.

Conclusão

No presente estudo foram seleccionadas plantas simplesmente disponíveis *Sesbaniagrandiflora* para o rastreio fitoquímico de extractos aquosos, etanol e acetona e avaliada a sua actividade antimicrobiana contra bactérias patogénicas. Observa-se que os extractos de etanol mostraram uma marcada presença de alcalóides, flavonóides, saponinas, glicosídeos e esteróides. Os extractos de etanol mostraram uma zona máxima de inibição em todos os organismos, especialmente *Staphylococcus aureus* (18 mm) e *Candida sp* (14 mm) a 75 p.L. de concentração.

Foi observada uma actividade antimicrobiana máxima devido à presença de agentes secundários

metabólitos. Com base nos nossos resultados, concluímos que o extracto de etanol de *S.*

A grandiflora tem grande actividade potencial como agente antimicrobiano e pode ser combinada com a medicina popular e utilizada no tratamento de doenças infecciosas causadas por microrganismos resistentes aos antibióticos.

IV. Actividade Hepatoprotectora e Antioxidante da *Andrographis paniculata* contra lesões hepáticas induzidas pelo CCl4 em ratos

Introdução

Neste século moderno, as plantas são amplamente consideradas como fonte de agentes medicinais devido à produção de metabolitos secundários (Ward et al 1999). Os metabolitos secundários são compostos naturais altamente aceites no campo médico e desempenham um papel importante nos cuidados de saúde humana. As plantas são o mais rico recurso biológico do sistema tradicional de medicina, suplementos alimentares, medicina popular, e intermediários farmacêuticos. Está bem documentado que a presença destas substâncias químicas é responsável por várias propriedades medicinais e é relatada de tempos a tempos por vários investigadores.

O fígado é um órgão importante do corpo humano que regula a homeostase e está envolvido em quase todas as vias bioquímicas relacionadas com o crescimento, a luta contra as doenças, o fornecimento de nutrientes, o fornecimento de energia e a reprodução (Ward et al., 1999). O fígado também realiza a desintoxicação contra produtos químicos e medicamentos nocivos, infecções virais (Karan et al., 1999). Assim, executa principalmente carboidratos, proteínas e gordura mentalismo, e secreção de bílis e armazenamento de vitaminas. O fígado funciona principalmente danificado pela exposição contínua a toxinas ambientais, ou seja, produtos químicos tóxicos, consumo excessivo de álcool, infecções e distúrbios auto-imunes (Sharma et al 1991). A icterícia e a hepatite são duas desordens hepáticas principais que contribuem para uma elevada taxa de mortalidade (Pang *et al.,* 1992). A maioria das substâncias químicas hepatotóxicas danificam as células de entrega, principalmente através da indução de peroxidação lipídica e outros danos oxidativos (Mascolo et al 1998). As espécies reactivas de oxigénio desempenham um papel importante na patogénese de várias doenças humanas degenerativas, perturbações hepáticas, danos pulmonares e renais (Singh et al 2008). As doenças hepáticas são um sério desafio para a saúde humana e causam uma elevada taxa de mortalidade (Ahsan et al 2009). Infelizmente, as drogas sintéticas utilizadas no tratamento de doenças hepáticas são inadequadas e por vezes podem ter efeitos secundários graves (Rao et al 2005). Recentemente, o consumo de plantas medicinais para curar várias doenças e disfunções está a tornar-se cada vez mais popular e tem recebido grande aceitação (Oyagbemi e Odetola, 2010). Existem numerosas plantas e formulações politerbais que alegam ter actividades hepatoprotectoras(Handa et al 1986; HikinoandKiso 1988).

A Andrographispaniculata é uma planta herbácea também conhecida como "rei dos amargos". Em tâmil, é chamada Siriyanangai ou nilavembu. A classificação de família desta planta é Acanthaceae. A planta *A. paniculata* é a mais popular na Ásia tropical que tem sido utilizada no campo medicinal. Esta planta medicinal tradicionalmente utilizada para o tratamento do frio, febre, laringite e várias doenças infecciosas. *Andrographispaniculatahas* demonstrou uma série de diferentes acções farmacológicas em estudos in-vitro e/ou animais. Anticâncer (Sridevi, 2004), imunomodulador (Puri, 1993), anti-inflamatório (Amroyan 1999), antipirético (Mandal et al 2001),hipotensivo (Zhang et al 1998), hipoglicémico (Borhanuddin, 1994), antiplaquetário (Amroyan 1999) e actividade antitrombótica (Zhao 1991) foram todas relatadas.Diversos princípios activos foram extraídos da planta, que incluíam principalmente oiterpenóide, esterol, flavonóides e polifenóis. Os presentes estudos foram realizados para analisar a actividade hepatoprotectora induzida pelo tetracloreto de carbono em ratos utilizando os diferentes extractos solventes de folhas de *A. paniculata*.

MATERIAIS E MÉTODOS

Produtos químicos

O carbontetracloreto de grau analítico, Silymarin e outros produtos químicos foram comprados aos laboratórios Himedia privados limitados, Mumbai. *A.* planta *paniculata* foi recolhida de, Thiruvannamalai, no Sul da Índia.

Preparação de extractos de plantas

As folhas de *Andrographis paniculatawere* colhidas e secas à sombra durante 3-5 dias. As folhas secas à sombra foram sujeitas a pulverização para obter pó grosseiro que foi depois utilizado para extracção com água, etanol e acetona. 100g de pólvora seca foram embalados livremente no dedal do aparelho de soxhlet e extraídos com 80% de etanol a 55° C durante 24 horas. O extracto de acetona foi preparado por adição de pó seco com o solvente 80% de acetona. O extracto foi seco ao ar a 25-30° C e pesado. Para administração oral, os extractos foram dissolvidos em água destilada.

Desenho experimental para a actividade Hepatoprotectora da *Andrographispaniculata*

Os ratos Wister albino machos adultos mantidos no colégio com peso entre 150g e 170g foram utilizados para os estudos hepatoprotectores. Os animais foram divididos em 6 grupos, cada um dos quais composto por 6 ratos como:

Grupo I (Normal): Recebeu oralmente água destilada durante 7 dias.

Grupo II (Induzido): Tetracloreto de carbono recebido oralmente (2g/kg de peso corporal) dissolvido em água destilada durante 7 dias.

Grupo III (Padrão): Silymarin recebido oralmente (20mg/kg de peso corporal) dissolvido em água destilada durante 7 dias.

Grupo IV (Tratamento): Tetracloreto de carbono recebido oralmente (2g/kg de peso corporal) juntamente com extractos de folhas aquosas de *Andrographis paniculata* (300mg/kg de peso corporal) dissolvidas em água destilada durante 7 dias.

Grupo V (Tratamento): Tetracloreto de carbono recebido oralmente (2g/kg/peso corporal) juntamente com extractos de folhas de etanol de *Andrographis paniculata* (300mg/kg de peso corporal) dissolvido em água destilada durante 7 dias.

Grupo VI (Tratamento): Tetracloreto de carbono recebido oralmente (2g/kg de peso corporal) juntamente com extractos de folhas de acetona de *Andrographis paniculata* (300mg/kg de peso corporal) dissolvido em água destilada durante 7 dias.

Avaliação da actividade Hepatoprotectora

Recolha de sangue e análise bioquímica

No dia 8th , todos os animais foram sacrificados por anestesia etérea suave. Foram colhidas amostras de sangue em tubo de vidro de punção retro-orbital para obter hemólise durante 30 min a 37° C. O soro claro obtido após centrifugação foi utilizado para a estimativa de Alanine amino transferase (ALT), Aspartate amino transferase (AST), y - Glutamiltransferase (y GT), Soro bilirrubina e Proteína sérica.

Actividade antioxidante de *A. paniculata*

Preparação homogeneizada do fígado

Os homogeneizados do fígado foram obtidos utilizando um homogeneizador de tecido, UltraturraxT- 25 Polytronat 4°C. Os homogeneizados (1:10w/v) foram preparados utilizando um tampão de 100mMol KCl (pH7,0) contendo 0,3mM EDTA. Todos os homogeneizados foram centrifugados a 6000 RPM durante 45minat 4°C e o sobrenadante foi utilizado para análise bioquímica. Foram analisados os seguintes níveis de antioxidantes Superoxide dismutase (SOD) (Kakkar et al., 1984), catalase (Sinha, 1972) e Glutationa Peroxidase (Okawa et al 2001).

Análise estatística

A diferença de parâmetros bioquímicos foi medida utilizando o método estatístico de, Análise de Variância (ANOVA). A Análise de Variância refere-se ao exame das diferenças entre as amostras.

Resultados e Discussão

Caracterização bioquímica

Os presentes estudos foram realizados para avaliar a actividade hepatoprotectora de vários extractos de folhas derivadas de solventes de A. panuculata em ratos contra o tetracloreto de carbono como hepatotoxina que causam danos hepáticos. A alteração das membranas microssomais hepáticas de hepatócitos e da degradação celular resulta na libertação das enzimas AST, GT e ALT. A estimativa dos níveis de AST, ALT e y-GT no soro é utilizada para avaliar a função hepática em ratos são apresentados no Quadro 1. As enzimas hepáticas AST, ALT e GT no soro foram significativamente ($P<0,001$). O efeito tóxico do tetracloreto de carbono foi controlado nos animais tratados com extractos aquosos, etanol e acetona de A. *paniculata* (300 mg/kg) foi mostrado na Figura 1. Entre os seis grupos de extractos etanolicos foi efectivamente controlado o dano hepático induzido pelo tetracloreto de carbono através da restauração dos níveis de função hepática.

Nos animais do Grupo II, o tratamento com tetracloreto de carbono aumentou significativamente os níveis de enzimas hepáticas, a saber, AST, ALT e GT. A actividade de AST)(94,98 $\pm$0,65U/L, ALT (29,98$\pm$0,65$\pm$0,65$\pm$U/L) e GT (299,68$\pm$0,15U/L) foi significativamente maior ($P<0,05$) no grupo tratado com tetracloreto de carbono enquanto que a comparação com o controlo normal (AST 65,15 $\pm$0,14; ALT 23,15$\pm$0,14; GT 166,15$\pm$0,24U/L) indica uma lesão hepatocelular acentuada (Tabela 1). A actividade da droga padrão (Grupo III) em níveis de enzimas AST (69,42 $\pm$0,31 UI/L, ALT (24,42 $\pm$0,31 U/L e GT (186,12 $\pm$0,21 UI/L) são significativamente mais elevados ($P<0,01$) do que os extractos de animais tratados com A. *paniculata*, isto é, grupo IV, grupo V e grupo VI. Os animais do grupo V mostram uma libertação significativamente baixa de enzimas do que os do grupo IV e VI, indicando que os extractos de etanol são droga eficiente para controlar a hepatotoxicidade.

Análise de proteínas e bilirrubinas

Observaram-se aumentos significativos (P<0,05) nos níveis de proteínas totais de soro e bilirrubinas em animais tratados com CCl4 em comparação com o normal. O pré-tratamento com extractos de *A. paniculata* diminui significativamente os parâmetros acima (P<0,05) em comparação com os animais tratados com CCl4 do grupo II. O pré-tratamento com silimarina padrão (grupo III) produziu uma diminuição significativa (p<0,05) na bilirrubina sérica e na proteína total quando comparado com os animais tratados com CCl4 do grupo II.

Actividade antioxidante

O efeito de *A. paniculata* na SOD, CAT e GPx na actividade antioxidante é mostrado no quadro 3. Mostra que a actividade de SOD, CAT e GPx diminuíram significativamente (p < 0,01) em animais tratados com silimarina quando comparados com os animais do grupo de controlo normal e do grupo tratado com CCl4. Por outro lado, os grupos IV, V e VI com extractos de folhas aquosas, etanol e acetona de *A. paniculata*, os valores dos parâmetros enzimáticos foram significativamente (p < 0,001) controlados do que os animais normais e tratados com silimarina.

Os danos hepatoprotectores foram induzidos pelo CCL4 no modelo animal é utilizado para o rastreio da actividade hepatoprotectora. Os danos hepáticos causam e libertam as enzimasALT, AST, e GT, proteína total e bilirrubina no soro devido à membrana e aos danos celulares do fígado. CCl4 é uma hepatotoxina que induz os danos no fígado ao afectar as funções metabólicas. Estas concentrações de enzimas hepáticas foram aumentadas no soro devido ao efeito tóxico do CCl4. Isto foi uma diminuição dos níveis de soro devido ao efeito protector do extracto de folha de *A. paniculata* nas células hepáticas, seguido de restauração da permeabilidade da membrana (Kalab et al 1997). Os compostos de fenol são responsáveis pela actividade hepatoprotectora e antioxidante dos extractos de *A. paniculataleaf* (Caiet *al.*, 2004). Exibem actividade antioxidante através da inactivação de radicais livres lipídicos ou da prevenção da decomposição de hidroperóxidos em radicais livres (Pitchaonet *al.*, 2007; Pokornyet *al.*, 2001).

Conclusão

Em conclusão, os nossos resultados deste estudo relataram que o extracto aquoso, etanol e acetona de folhas de *A. paniculata* foi um tratamento eficaz para o controlo da hepatotoxicidade induzida pela toxina CCl4. O grau de protecção foi medido utilizando parâmetros bioquímicos como transaminases de soro (ALT e AST), fosfatase alcalina, proteína total e bilirrubina e caracteres antioxidantes. Os extractos etanolicos mostraram a actividade hepatoprotectora mais significativa comparável com a silimarina padrão de droga. Outros extractos, nomeadamente a aquosa e a acetona, também exibiram uma actividade potente. Desta investigação, os compostos fenólicos de folhas de plantas podem ser responsáveis pela actividade hepatoprotectora mais significativa. Os nossos resultados demonstraram que as drogas derivadas de plantas são a melhor droga alternativa para drogas sintéticas ou químicas.

Legendas das figuras

Figura 1 Alterações nos níveis séricos de AST, ALT E y-GT.

Figura 2 Alterações nos níveis séricos de bilirrubina e proteína total.

Figura 3 Alterações nos níveis de antioxidantes de SOD, CAT E GPx.

Tabela 1 - Alterações nos níveis séricos de AST, ALT E y-GT.

Tabela 2 - Alterações nos níveis séricos de bilirrubina e proteína total.

Tabela 3 - Alterações nos níveis de antioxidantes de SOD, CAT E GPx.

Figura 1

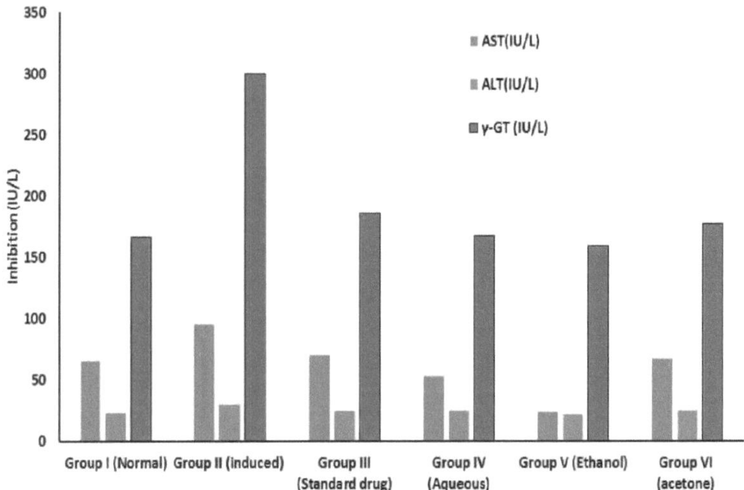

Figura 2

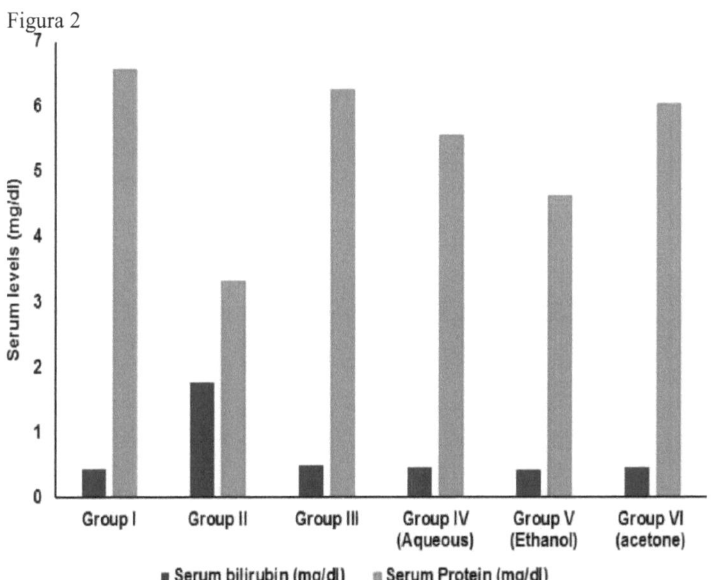

Figura 3

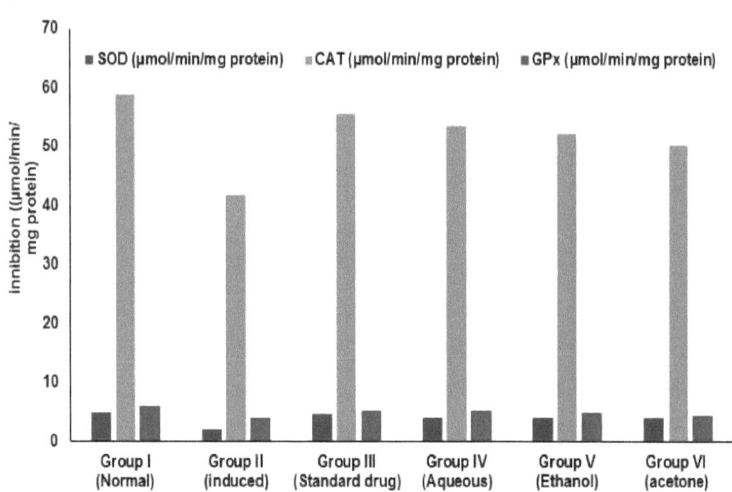

Tabela 1- Alterações nos níveis séricos de AST, ALT E y-GT.

Parâmetros	AST(IU/L)	ALT(I U/L)	y-GT (I U/L)
Grupo I (Normal)	65.15±0.14	23.15±0.14	166.15±0.24
Grupo II (induzido)	94.98±0.65*	29.98±0.65*	299.68±0.15*
Grupo III (Medicamento padrão)	69.42±0.31**	24.42±0.31**	186.12±0.21**
Grupo IV (Aquoso)	52.48±0.35*	24.48±0.35**	167.48±0.20**
Grupo V (Etanol)	23.59±0.73***	21.59+0.73***	158.51±0.71***
Grupo VI (acetona)	66.58+0.39***	24.58+0.39***	176.59+0.37***

*$p < 0,05$, **$p < 0,01$, ***$p < 0,001$ valor são considerados estatisticamente significativos (BMRT)

Tabela 2 - Alterações nos níveis séricos de bilirrubina e proteína total.

Parâmetros	Soro bilirrubina (mg/dl)	Proteína de soro (g/dl)

Grupo I(Normal)	0.44±0.03 *	6 . 5 8 ± 0 . 0 6 *
Grupo II(induzido)	1 . 7 6± 0 . 1 0	3 . 3 2 ± 0 . 0 4
Grupo III (Medicamento padrão)	0 . 4 9 ± 0 . 0 4 * *	6 . 2 6 ± 0 . 1 6 * *
Grupo IV (Aquoso)	0.45±0.06 * * *	5 . 5 5 ± 0 . 0 8 ** *
Grupo V (Etanol)	0.42±0.04 * * *	4 . 6 4 ± 0 . 0 7 * * *
Grupo VI (acetona)	0.46± 1 . 06 * * *	6 . 0 5 ± 1 .08***

*** p< 0,05,** p < 0,01,***p < 0,001** valor são considerados estatisticamente significativos (BMRT)

Tabela 3 - Alterações nos níveis de antioxidantes de SOD, CAT E GPx.

Parâmetros	SOD (gmol/min/ mg de proteína)	CAT (iimoi/min/ mg de	GPx (gmol/min/ mg de proteína)
Grupo I(Normal)	4.91 ± 0.31*	58.99 ±4.80*	5.98 ± 2.46*
Grupo II(induzido)	1.94± 0.21	41.89±3.43	3 . 9 8 ± 0.35
Grupo III(droga padrão)	4.73 ± 0.39**	55.67 ±3.13**	5.34 ± 2.11**
Grupo IV (Aquoso)	4.06 ± 0.18	53.68 ±0.51	5.22 ± 1.92
Grupo V (Etanol)	4.02 ± 0.28***	52.23 ±3.14***	4.94 ± 1.70***
Grupo VI (acetona)	4.06 ± 0.10***	50.38 ±0.15***	4.42 ± 1.02**

*** p< 0,05,** p < 0,01,***p < 0,001** valor são considerados estatisticamente significativos (BMRT)

V.   Actividade Hepatoprotectora e Antioxidante da *Sesbania grandiflora* contra lesões hepáticas induzidas pelo CCl4 em ratos

Introdução

O fígado é um órgão muito importante no corpo humano. Regula funções metabólicas como a desintoxicação e desempenha um papel vital na conversão bio-química. Durante o processo de eliminação há a possibilidade de acumulação de diferentes tipos de materiais tóxicos dentro dos hepatócitos e há a possibilidade de infecção hepática, e doenças hepáticas como a hepatite (Aneja et al 2013). Doenças hepáticas causadas por vários produtos químicos tóxicos, agentes quimioterápicos, consumo excessivo de álcool e microrganismos. A hepatite é um efeito adverso agudo no fígado causado por doses excessivas de drogas, produtos químicos tóxicos, vírus, bactérias e parasitas (Bhawna e Upendrakumar, 2009).

Hepatotoxicidade é uma ligeira alteração na estrutura e função hepática que pode resultar em hipertensão, ascite, icterícia, aumento da hemorragia e causar múltiplas alterações metabólicas que afectam outros órgãos (Fernandez-Checa et al 1993; Ibrahim et al 2011). A magnitude doderangement do fígado por doença ou hepatotoxina é geralmente medida pelo nível de transaminase pirúvel glutamato (ALT),glutamato oxaloacetato transaminase (AST), fosfatase alcalina (ALP), bilirrubina, albumina, e homogenato de fígado inteiro (Schuppan et al 1995; Ibrahim et al 2011).

CCl4 é uma substância química industrial muito utilizada e uma potente hepatotoxina. Induz a hepatotoxicidade ao produzir radical livre, colocando stress oxidativo, causando assim peroxidação lipídica nos tecidos hepáticos, consequentemente danos hepáticos necróticos (Khin 1978; Ram e Goel 1999). Doenças hepáticas como a hepatite, cirrose e fígado gordo são mundiais.

Várias drogas sintéticas comerciais são também utilizadas para tratar doenças hepáticas que causam efeitos secundários no fígado. Assim, as drogas herbais têm-se tornado cada vez mais populares e o seu uso é generalizado. Os medicamentos à base de plantas têm sido utilizados no tratamento de doenças hepáticas desde há muito tempo. Na Índia são utilizadas numerosas plantas medicinais para o tratamento de doenças hepáticas (Sharma et al 2002).Efeito Hepatoprotector de algumas plantas como *Spirulinamaxima* (Torres-Duran 1999), *Eclipta alba* (Saxena et al 1993), *Boehmerianivea*(Lin et al 1998), *Cichoriumintybus*(Zafar e Ali 1998),*e Picrorhizakurroa*(Saraswat et al 1998), *BoswelliaSerrata*(Ibrahim et al 2011), *Psidiumquajava* (Roy et al 2005), *Cocciniaindica* (Shyamkumar et al 2010) foi bem documentado.

Sesbania grandifloraa árvore de crescimento rápido pertence à família, Fabaceae, é comummente conhecida como agathi em língua regional tâmil. As folhas, usadas como verdes para gado e aves de capoeira, têm propriedades anti-helmínticas contra helmintos seleccionados (Sharma et al 2005; Vaidhyaratnum 1996). A casca, as folhas, as flores e as raízes são também utilizadas como ervas medicinais distribuídas nas regiões tropicais do globo (Berhaut, 1976). O sumo de folhas e flores é um remédio popular para o catarro nasal e dor de cabeça quando é cheirado pelas narinas. O sumo das flores é espremido para os olhos para aliviar a falta de visão. O sumo das flores é ideal como expectorante (Duke 1983). Foi relatado que as folhas da planta têm efeito ansiolítico e anticonvulsivo enquanto que as flores têm actividade antimicrobiana (Krasaekoopt e Kongkarchanatip 2005). Mostra também propriedades hipolipémicas, anti-ulcerosas e anti-inflamatórias. Portanto, para justificar as alegações tradicionais, avaliámos o efeito hepatoprotector das folhas de *Sesbania grandiflora* extraídas em ratos albinos utilizando análise baseada em enzimas bioquímicas.

MATERIAIS E MÉTODOS

Produtos químicos

Tetracloreto de carbono de grau analítico, Silymarin e outros produtos químicos foram comprados aos laboratórios Himedia privados limitados, Mumbai. A planta de *Sesbania grandiflora* foi recolhida de , Tiruvannamalai, no sul da Índia.

Preparação de extractos de plantas

As folhas de *Sesbania grandiflora* foram recolhidas e secas à sombra à temperatura ambiente. As folhas secas à sombra eram pulverizadas e extraídas através da utilização de água, etanol e acetona. Os extractos aquosos foram preparados submetendo 100 g de folhas secas em pó a 100 ml de água destilada e incubados em agitador de banho de água durante 12 h a 40°C. Etanol e extracto de acetona preparado pelas folhas em pó grosseiro foi extraído com soxhlet e extraído com 80% de etanol e 70% de acetona durante 24 h a 60 °C e 55° C, respectivamente. O extracto foi recolhido e concentrado por secagem sob vácuo e foram obtidas suspensões semissólidas. Estas suspensões foram utilizadas para avaliar a actividade hepatoprotectora.

Design experimental para a actividade Hepatoprotectora da *grandiflora de Sesbania*

Ratos Wister albinos machos adultos mantidos no colégio com peso entre 150g-170g foram utilizados para os estudos hepatoprotectores. Os animais foram divididos em seis grupos de seis ratazanas insexuais cada:

Grupo I (Normal): Recebeu oralmente água destilada durante 7 dias.

Grupo II (Induzido): Tetracloreto de carbono oralmente recebido (2g/kg de peso corporal) apenas durante 7 dias.

Grupo III (Padrão): Silymarin(20 mg/kg de peso corporal) recebido oralmente juntamente com CCl_4 (2g/kg de peso corporal) durante 7 dias.

Grupo IV (Tratamento): Extractos de folhas aquosas recebidas oralmente (300mg/kg de peso corporal) juntamente com CCl_4 (2g/kg de peso corporal) durante 7 dias.

Grupo V (Tratamento): Extractos de folhas de etanol recebidos oralmente (300mg/kg de peso corporal) juntamente com cci4(2g/kg/ peso corporal) durante 7 dias.

Grupo VI (Tratamento): Extractos de acetona recebidos oralmente (300mg/kg de peso corporal) juntamente com cci4 (2g/kg de peso corporal) durante 7 dias.

A silimarina foi utilizada como controlo positivo para comparar o potencial hepatoprotector de diferentes extractos de folhas de *Sesbania grandiflora.*

Actividade Hepatoprotectora de *S. grandiflora*

Recolha de sangue e análise bioquímica

No dia 8th , todos os animais foram escarificados e foram colhidas amostras de sangue em tubo de vidro a partir de punção retro-orbital para obter hemólise durante 30 minutos a 37° C. Transaminase sérica de glutamato oxaloacetato, transaminase pirúvica de glutamato, bilirrubina sérica e fosfatase alcalina e proteína sérica (Patel et al 2010; Manokaran et al 2008) foram obtidas a partir do soro após o processo de centrifugação, tendo sido utilizadas para a análise bioquímica.

Actividade antioxidante de *S. grandiflora*

Preparação do fígadoomogéneo

Os homogeneizados de fígado foram preparados por tampão KCl usinga100mM (pH7,0) contendo 0,3mM EDTA e centrifugados a 6000rpm por 45minat 4°C. Após a conclusão do processo de centrifugação, foi utilizado o sobrenadante para a estimativa dos níveis de antioxidantes. Foram analisados Superóxido dismutase (SOD) (Ukeda et al., 1997), Catalase (CAT) (Aebi, 1984) e GlutatiãoPeroxidase (GP) (Okawa et al 2001).

Análise estatística

A diferença de parâmetros físico-químicos medidos através da análise da variabilidade (ANOVA). A Análise de Variância refere-se ao exame das diferenças entre as amostras e os resultados são expressos como média± SEM e p < 0,05, p<

0,01,p< 0,001 foi considerada como estatisticamente significativa.

Resultados e discussão

Os parâmetros bioquímicos tais como o soro glutamato oxaloacetato transaminase, o soro glutamato piruvato transaminase, a bilirrubina sérica e a fosfatase alcalina foram estimados para avaliar a função hepática. O aumento acentuado dos níveis de SGOT, SGPT e ALP foram observados nos animais tratados com CCl4 do grupo II são 94,98±0,69, 29,98±0,67 e 299,68±0,12 IU/L, respectivamente. O aumento do nível de SGOT, SGPT, ALP e bilirrubina é um indicador convencional de lesão hepática. No entanto, estes níveis foram invertidos para níveis próximos dos normais de animais do grupo I com tratamento de extracto aquoso, etanol e acetona de *Sesbania grandiflora*, que são estatisticamente significativos. As actividades dos extractos eram comparáveis a um medicamento padrão. Estes extractos restabeleceram todos os níveis dos parâmetros bioquímicos no soro. E também a silimarina padrão restaurou os níveis bioquímicos de SGOT, SGPT, e ALP significativamente (p<0,01) i.e. 69,42±0,38, 24,42±0,33, e 170,12±0,25 UI/L respectivamente em soro. No caso da bilirrubina e proteína total houve um aumento notável, ou seja, nos níveis séricos tratados com CCl4. O tratamento com extracto aquoso, etanol e acetona inverteu os níveis séricos de bilirrubina e proteína total no soro para (0,50±0,07 e 6,85±0,12 mg/dl), (0,45±0,09 e 6,59±0,32 mg/dl), (0,47±1,06 e 6,26±1,07 mg/dl), respectivamente, que são estatisticamente muito significativos (p<0,001) quando comparados com animais tratados com CCl4. A restauração dos factores bioquímicos no soro também foi notada no tratamento com o medicamento padrão silimarina (0,49±0,04 e 6,26±0,16 mg/dl). Foi estipulado que o grupo tratado com o extracto foi protegido dos danos celulares hepáticos causados pela indução do CCl4. O extracto com uma dose de 300 mg/kg de peso corporal exibiu oralmente um efeito protector significativo ao baixar os níveis séricos de transaminases (SGOT e SGPT), bilirrubina e fosfatase alcalina (ALP). Os efeitos produzidos foram comparáveis aos de um agente hepatoprotector-padrão, a milimarina. Nos animais tratados com etanol, o efeito de toxicidade do tetracloreto de carbono foi controlado significativamente pela restauração dos níveis de bilirrubina sérica e enzimas, em comparação com os grupos normais e padrão da droga tratada com silimarina. As actividades antioxidantes da SOD hepática, CAT e GPx foram estimadas e mostradas no quadro 3. As actividades de SOD, CAT e GPx foram significativamente (p<0,001) melhoradas apenas no extracto de etanol recebido oralmente de folhas de *S. grandiflora*. As actividades antioxidantes do extracto aquoso, etanol e acetona mostram uma actividade significativa perto do grupo normal de animais.

Conclusão

No presente relatório afirma-se que o extracto aquoso, etanol e acetona de folhas de *Sesbania grandiflora de* planta comummente disponível foi amplamente investigado pelo seu potencial hepatoprotector contra a hepatotoxicidade induzida pelo CCl4. Houve um aumento significativo nos níveis séricos de bilirrubina, alanina transaminase, aspartato-transaminase e fosfatase alcalina com uma diminuição no nível proteico total, nos animais tratados com CCl4, reflectindo lesões hepáticas. Nos extractos dos animais tratados houve uma diminuição dos níveis séricos dos marcadores e um aumento significativo da proteína total, indicando a recuperação das células hepáticas. Uma forte conclusão pode ser tirada que, extracto de *grandiflorapositivo de Sesbania* mais significativo (p<0,001) de actividade hepatoprotectora em comparação com a droga padrão silimarina. Para que o desenvolvimento de medicamentos utilizando os extractos de materiais vegetais ou compostos bioactivos com padrões de segurança e eficácia possa revitalizar o tratamento de doenças hepáticas e a actividade hepatoprotectora.

Legendas das figuras

Figura 1: Actividade Hepatoprotectora no modelo hepatotóxico induzido por tetracloreto de carbono mostra alterações das enzimas séricas SGOT, SGPT e ALP no soro

Figura 2: Actividade Hepatoprotectora no modelo hepatotóxico induzido por tetracloreto de carbono mostra alterações na bilirrubina sérica e na proteína total

Figura 3:Níveis de antioxidantes no modelo hepatotóxico induzido por tetracloreto de carbono mostra alterações nos níveis de SOD, CAT e GPx

Tabela 1: Actividade Hepatoprotectora no modelo hepatotóxico induzido por tetracloreto de carbono mostra alterações das enzimas séricas SGOT, SGPT e ALP no soro

Tabela 2: Actividade hepatoprotectora no modelo hepatotóxico induzido por tetracloreto de carbono mostra alterações na bilirrubina sérica e na proteína total

Tabela 3:Níveis de antioxidantes no modelo hepatotóxico induzido por tetracloreto de carbono mostra alterações nos níveis de SOD, CAT e GPx

Figura 1

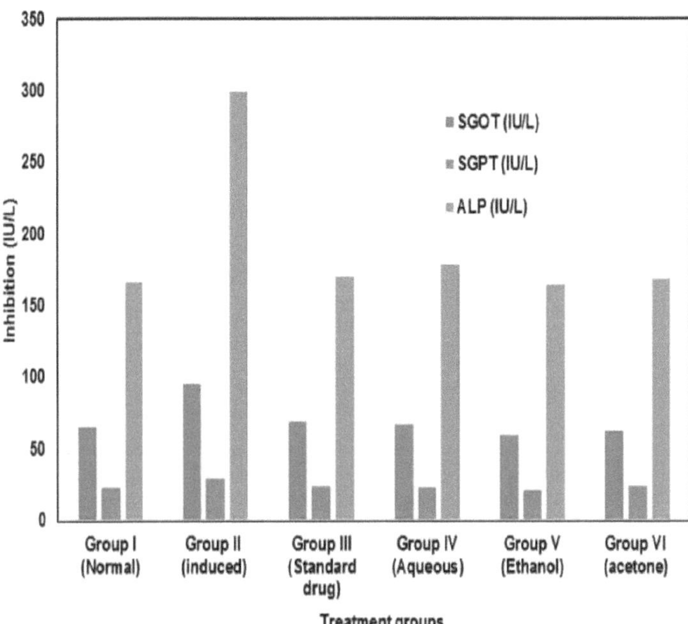

Figura 2

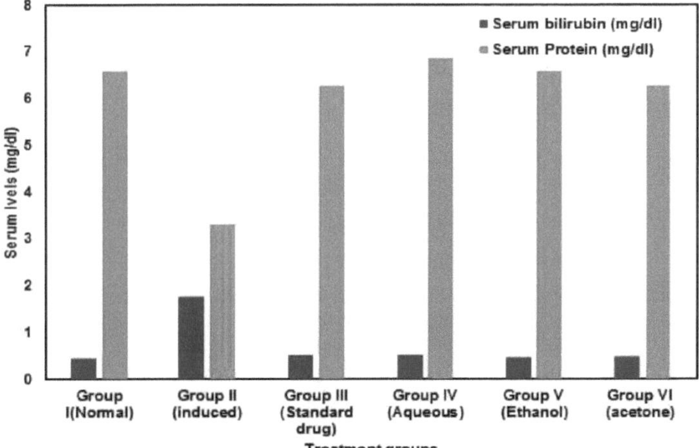

Figura 3

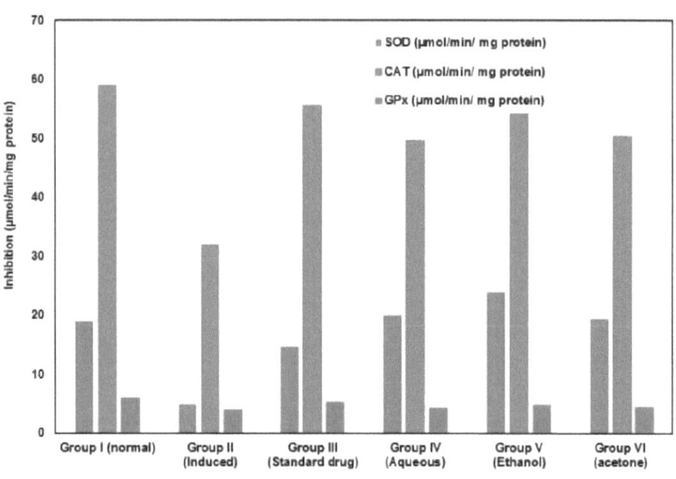

Quadro 1

Parâmetros	SGOT(IU/L)	SGPT(IU/L)	ALP(IU/L)
Grupo I (Normal)	65.15±0.14***	23.15±0.17***	166.15±0.22***
Grupo II (induzido)	94.98±0.69*	29.98±0.67*	299.68±0.12*
Grupo III (Medicamento padrão)	69.42±0.38**	24.42±0.33***	170.12±0.25***
Grupo IV (Aquoso)	67.48±0.39**	23.48±0.38**	178.48±0.28***
Grupo V (Etanol)	59.59±0.76***	21.59±0.74***	164.51±0.17***
Grupo VI (acetona)	62.58±0.34***	24.58±0.35**	168.59±0.73***

*p < 0,05, **p < 0,01, ***p < 0,001 valor são considerados estatisticamente significativos (BMRT)

Quadro 2

Parâmetros	Bilirrubina sérica (mg/dl)	Proteína de soro (mg/dl)
Grupo I(Normal)	0.44±0.03***	6.58±0.06***

Grupo II(induzido)	1.76±0.10*	3.32±0.04*
Grupo III(droga padrão)	0.49±0.04***	6.26±0.16**
Grupo IV (Aquoso)	0.50±0.07**	6.85±0.12**
Grupo V (Etanol)	0.45±0.09***	6.59±0.32***
Grupo VI (acetona)	0.47±1.06**	6.26±1.07***

*p < 0,05, **p < 0,01, ***p < 0,001 valor são considerados estatisticamente significativos (BMRT)

Quadro 3

Parâmetros	SOD (gmol/min/ mg de proteína)	CAT (gmol/min/ mg de proteína)	GPx (gmol/min/ mg de proteína)
Grupo I (Normal)	18.91 ± 0.31***	58.99 ±4.80***	5.98 ± 2.46***
Grupo II(induzido)	04.94± 0.21*	31.89±3.43*	3.98± 0.35*
Grupo III(droga padrão)	14.73 ± 0.39**	55.67 ±3.13**	5.34 ± 2.11**
Grupo IV (Aquoso)	20.01 ± 0.17**	49.68 ±0.55***	4.32 ± 1.92**
Grupo V (Etanol)	23.92 ± 0.27***	54.23 ±3.17***	4.84 ± 1.70***
Grupo VI (acetona)	19.46 ± 0.11***	50.38 ±0.18***	4.42 ± 1.02***

*p < 0,05, **p < 0,01, ***p < 0,001 valor são considerados estatisticamente significativos (BMRT)

VI. IN-VIVO POTENCIAL NEFRO-PROTECTOR DE

DEIXA EXTRACTOS DE *ANDROGRAPHIS PANICULATA*

Introdução

O rim é o órgão complexo e principal do nosso corpo desempenha várias funções importantes como a formação de urina, metabolismo da água e do sal, equilíbrio ácido-base, regulação do nível de cálcio no sangue (Hall 2011) e secreção de hormonas (Alam et al 2013). Os rins afectados pelas doenças são principalmente bloqueio renal e pedras nos rins. Os principais tipos de pedras nos rins são pedras de cálcio, pedras de stuvite, pedras de ácido úrico e pedras de cisteína (Bhavani et al 2014). Falhas renais agudas e insuficiência renal crónica são problemas comuns e graves. A insuficiência renal aguda é a perda reversível da função renal enquanto que a insuficiência renal crónica é a perda irreversível da função renal (Movaliya et al 2011).

A nefrotoxicidade é um dos maiores problemas renais causados por drogas ou toxinas (Porter GA e Bennett 1981). Nos últimos anos, o desenvolvimento de práticas médicas e cirúrgicas modernas tem sido seguido para o tratamento da insuficiência renal como a hemodiálise, o transplante renal e a quimioterapia. Estes procedimentos são complicados e o custo elevado tem sido utilizado para curar os danos renais. Para que a medicina tradicional que utiliza plantas medicinais seja o melhor método do que o método convencional. No entanto, a utilização deste método de quimioterapia pode induzir os efeitos secundários no organismo (Ramesh et al 2014). Os agentes nefroprotectores são as substâncias que possuem actividade protectora contra a nefrotoxicidade. Drogas como gentamicina, cisplatina, ciclosporina, tetracloreto de carbono são uma fonte comum de lesão renal aguda. A gentamicina é um antibiótico amino glicosídico utilizado para o tratamento de

Infecções bacterianas negativas de Gram. A overdose de gentamicina causa danos renais. Pode provocar efeitos secundários graves enquanto consome continuamente a concentrações mais elevadas.

As plantas medicinais têm propriedades curativas e valores terapêuticos devido à presença de vários compostos fitoquímicos complexos. Estes medicamentos tradicionais estão a assumir maior importância devido à sua grande eficácia, segurança, disponibilidade local e ausência de efeitos secundários (Singh et al 1992; Saumya et al 2011). *A. paniculata*, um membro da família das Acanthaceae é uma planta local e comummente disponível na Índia. É comummente chamada "nilavembu ou siriyanangai" em tâmil e "Rei dos amargos" em inglês. Tem demonstrado actividade hepatoprotectora, antiparasitária, antioxidante, anti-inflamatória e antimicrobiana. E é utilizado no tratamento da malária e no tratamento do cancro (Anilkumar et al 2012). Neste estudo relatou-se que as propriedades curativas da planta medicinal *Andrographis paniculata* contra a nefrotoxicidade induzida pela gentamicina em ratos albinos. A actividade nefroprotectora foi confirmada através do exame de testes bioquímicos de ureia, creatinina do ácido úrico e nível de proteínas no sangue e estudos histopatológicos realizados utilizando observações microscópicas leves.

2. Materiais e métodos

Preparação de extractos de folhas de plantas

As folhas de *Andrographis paniculata* foram recolhidas e secas à sombra durante 3-5 dias e trituradas em pó. O extracto aquoso foi preparado por adição de pó seco em 100 ml de água e incubação durante a noite. 100 g de pó seco foram extraídos com 80% de etanol a 55° C durante 24 horas em aparelho soxhlet. O extracto de acetona foi preparado misturando o pó de folhas secas com a acetona a 80%. A eliminação do solvente foi feita à temperatura ambiente e armazenada. Os extractos aquosos, etanol e acetona resultantes foram então utilizados para a actividade nefroprotectora.

Design experimental para a actividade nefroprotectora da *Andrographispaniculata*

Ratos Wister albinos machos adultos mantidos no colégio com peso entre 150g-170g foram utilizados para os estudos nefroprotectores. Os animais foram divididos em seis grupos em seis ratazanas cada:

Grupo I (Normal): Recebeu oralmente água destilada durante 10 dias.

Grupo II (Induzido): Gentamicina recebida oralmente (80 mg/kg de peso corporal) apenas durante 10 dias.

Grupo III (Padrão): Recebeu oralmente Cystone (20 mg/kg de peso corporal) juntamente com gentamicina (80mg/kg de peso corporal) durante 10 dias.

Grupo IV (Tratamento): Recebeu oralmente extracto de folha aquosa (300mg/kg de peso corporal) juntamente com Gentamicina (80mg/kg de peso corporal) durante 10 dias.

Grupo V (Tratamento): Extracto de folha de etanol recebido oralmente (300mg/kg de peso corporal) juntamente com Gentamicina (80 mg/kg de peso corporal) durante 10 dias.

Grupo VI (Tratamento): Recebeu oralmente extracto de folha de acetona (300mg/kg de peso corporal) juntamente com Gentamicina (80 mg/kg de peso corporal) durante 10 dias.

O Cystone foi utilizado como controlo positivo para comparar o potencial nefroprotector de diferentes extractos de folhas de *A. paniculata*. A gentamicina actua como nefrotoxina que induz os danos renais.

Estudo histopatológico e bioquímico

Após 10 dias, todos os animais de cada grupo foram sacrificados e separaram os rins por procedimento de dissecação. Pedaços de rins obtidos de cada grupo foram imediatamente fixados em solução de formalina a 10%. Os rins fixados em formalina foram colocados em parafina e a secção em série foi feita e corada com hemotoxilina e eosina. As secções coradas foram examinadas ao microscópio de luz. Foram colhidas amostras de sangue da veia jugular. O soro foi separado do sangue para análise de parâmetros como a

Ureia Sanguínea (Kanter, 1975), Ácido Úrico, Creatinina (Lebre, 1950) e Proteína Total.

Análise estatística

Os dados foram analisados usando uma forma Análise de Variância (ANOVA) e expressos como média± S.E.M

O significado estatístico foi fixado p< 0,05.

3. Resultados e discussão

Estudos bioquímicos

A actividade nefroprotectora do extracto aquoso, etanol e acetona de folhas de *A. paniculata* foi avaliada contra a nefrotoxicidade induzida pela utilização de gentamicina em ratos albinos. A actividade nefroprotectora foi determinada por testes bioquímicos e estudos histopatológicos. O quadro 1 mostra as alterações do nível de ureia e ácido úrico no sangue. A ureia no sangue e o ácido úrico no sangue de controlo (grupo I) foi estimado em 30,16±1,72mg/dl e 5,08±0,21 mg/dl, respectivamente. No controlo negativo, ou seja, os animais do grupo II receberam apenas gentamicina que mostra um nível de ureia e ácido úrico no sangue de 59,00±2,19 mg/dl e 8,25±0,54mg/dl, respectivamente. Os animais dos grupos IV, V e VI receberam gentamicina juntamente com extracto de folha aquosa, etanol e extracto de acetona demonstraram um aumento significativo (p<0,05 a p<0,001) de ureia no sangue e ácido úrico em comparação com o grupo de controlo negativo. Nos grupos tratados com etanol mostram alterações mais significativas (p<0,001) na ureia e no ácido úrico registadas como 33,28±0,54 mg/dl e 5,21±0,12mg/dl em comparação com o extracto aquoso e acetona (Figura 1).

As concentrações de creatinina no sangue aumentaram significativamente (p<0,05) no grupo de controlo negativo de animais tratados com gentamicina (2,88±0,11mg/dl) em comparação com os animais normais, indicando a indução de nefrotoxicidade grave. O tratamento com extractos vegetais de *A. paniculata* mostrou um aumento significativo (p<0,01 e p<0,001) nas concentrações de creatinina. Os animais tratados com extracto de etanol mostraram alterações significativas (p<0,001) registadas como 0,82±0,54 mg/dl concentrações de creatinina, indica que as propriedades curativas de nefrotoxicidade das folhas de *A. paniculata* (Quadro 2).

O nível normal de proteína total foi observado nos animais do grupo I. Os animais do grupo II tratados com gentamicina mostraram baixa quantidade de secreção de proteínas totais (p<0,05) em comparação com os animais normais. Este baixo nível proteico no soro deve-se provavelmente a uma acção inibidora da indução da síntese proteica dos danos dos tecidos e pode levar a um aumento da excreção de proteínas na urina (Ramesh et al 2014). O tratamento com os extractos vegetais de *A. paniculata* (grupos IV, V e VI) mostrou (p<0,01 e p<0,001) aumento das concentrações de proteína total em comparação com os grupos tratados com gentamicina (grupo II) (Tabela 2& Figura 2).

Estudos histopatológicos

O estudo histopatológico foi realizado utilizando o microscópio de luz. Exame microscópico de rim normal mostrando margens de escova tubular e glomérulos intactos sem quaisquer alterações estruturais nos tecidos renais(Figura). Em tecidos renais tratados com gentamicina (Grupo II) mostrou inchaço e necrose celular maciça e difusa nos túbulos proximais dos rins, o que indica lesões celulares. No grupo III os animais mostraram uma melhoria nos túbulos renais que são tratados com cítaras. O pré-tratamento com extractos de folhas evitou significativamente alterações histopatológicas em direcção ao normal. O tratamento com extracto de etanol de *A. paniculataleaves* altamente melhorou as manifestações de toxicidade no rim (Figura). A nefrotoxicidade induzida pela gentamicina foi evidenciada por medições bioquímicas e alterações histopatológicas que coincidem com as observações de outros investigadores (Gardner *et al.*, 2002, Newton *et al.*, 1983,

Trumper *et al.*, 1998; Sarumathy et al., 2011; Okokon et al 2011).

Esta acção inibitória do extracto de folhas de *A. paniculata* contra a nefrotoxina foi confirmada através de estudos bioquímicos e histopatológicos. Esta actividade pode dever-se à presença de metabolitos secundários como os compostos flavonóides e polifenólicos, que podem ser responsáveis pela actividade protectora dos rins.

Conclusão

A medicina herbal tem sido útil para o desenvolvimento de uma terapia eficaz para o tratamento de várias doenças. A nefrotoxicidade induzida pela gentamicina em ratos desenvolveu lesões renais significativas foi estimada a partir do aumento dos níveis de ureia, ácido úrico e creatinina($p<0,05$) e diminuição dos níveis de proteína total no soro sanguíneo. Estes parâmetros foram significativamente alterados ($p<0,001$) e restaurados pela suplementação oral de extractos aquosos, etanol e acetona de folhas de *A. paniculata* a ratos intoxicados com gentamicina. O nosso presente estudo indicou claramente uma actividade nefroprotectora significativa ao normalizar a elevada bioquímica e restauração do sistema renal utilizando com o extracto de folhas de *A. paniculata* e apoiou a utilização tradicional da planta no sistema medicinal.

Legendas das figuras

Figura 1: Efeito do extracto de folhas aquosas, etanol e acetona *A. paniculata* sobre as alterações da ureia, e do nível de ácido úrico no sangue

Figura 2: Efeito do extracto de folhas aquosas, etanol e acetona *A. paniculata* nas alterações da creatinina, e do nível proteico total no sangue

Figura 3: Seccionamento de (A) rim normal mostrando margens tubulares de escova e glomérulos intactos nos tecidos renais sem alterações (B) Representando a necrose tubular em animais tratados com gentamicina (C) mostra que a observação microscópica da estrutura renal normalizada sobre tratados com pedra ciária é um controlo positivo

Figura 4: mostra a estrutura histológica do rim tratado com (A) extracto aquoso (B) extracto de etanol (C) extracto de acetona de folhas de *A. paniculata* em animais de rato induzidos por nefrotoxicidade gentamicina revelaram função normalizada e restaurada do sistema renal

Quadro 1 Efeito do extracto aquoso, etanol e acetona de folhas de *A. paniculata* na ureia sanguínea e ácido úrico em ratos nefrotóxicos induzidos por gentamicina

Quadro 2 Efeito do extracto aquoso, etanol e acetona de folhas de *A. paniculata* sobre os níveis de creatinina e proteína total em ratos nefrotóxicos induzidos por gentamicina

Quadro 1

Parâmetros	Ureia sanguínea(mg/dl)	Ácido úrico no sangue (mg/dl)
Grupo I (Normal)	30.16 + 1.72	5.08 + 0.21
Grupo II (induzido)	59.00 + 2.19*	8.28 + 0.54*
Grupo III (Medicamento padrão)	34.83 + 3.06**	5.95 + 0.21**
Grupo IV (Aquoso)	36.16 + 2.48**	6.12 + 0.33**
Grupo V (Etanol)	33.28 + 0.54***	5.21+0.12***
Grupo VI (acetona)	39.08 + 0.21***	6.36 + 0.13***

*** p< 0,05,** p < 0,01,***p < 0,001** valor são considerados estatisticamente significativos (BMRT)

Quadro 2

Parâmetros	Creatinina(mg$^{/dl}$)	Proteína total(mg$^{/dl}$)
Grupo I (Normal)	0.79 + 0.02	6.91+0.59
Grupo II (induzido)	2.88 + 0.11*	3.02 + 0.84*
Grupo III (Medicamento padrão)	1.21+0.12**	7.55 + 0.70**
Grupo IV (Aquoso)	1.11 + 0.13***	7.12 + 0.77**
Grupo V (Etanol)	0.82+0.54***	7.91+0.12***
Grupo VI (acetona)	1.38 + 0.21**	7.56 + 0.13***

*** p< 0,05,** p < 0,01,***p < 0,001** valor são considerados estatisticamente significativos (BMRT)

Figura 1

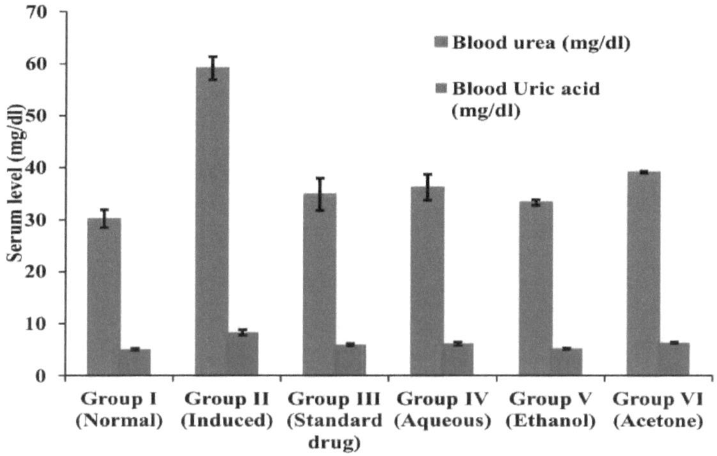

Figura 2

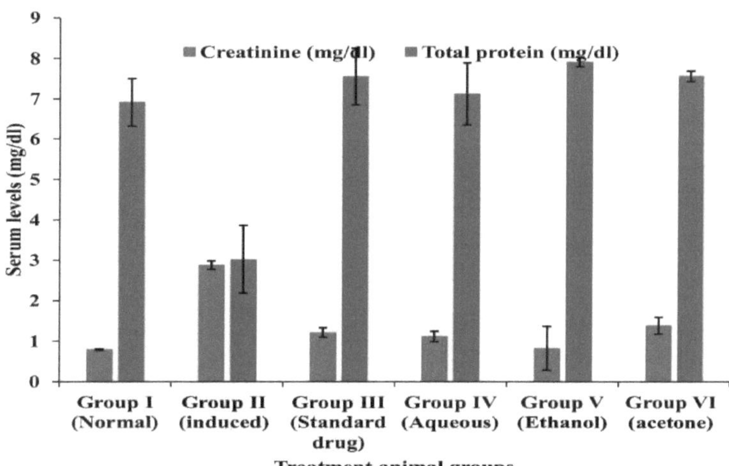

Figura 3

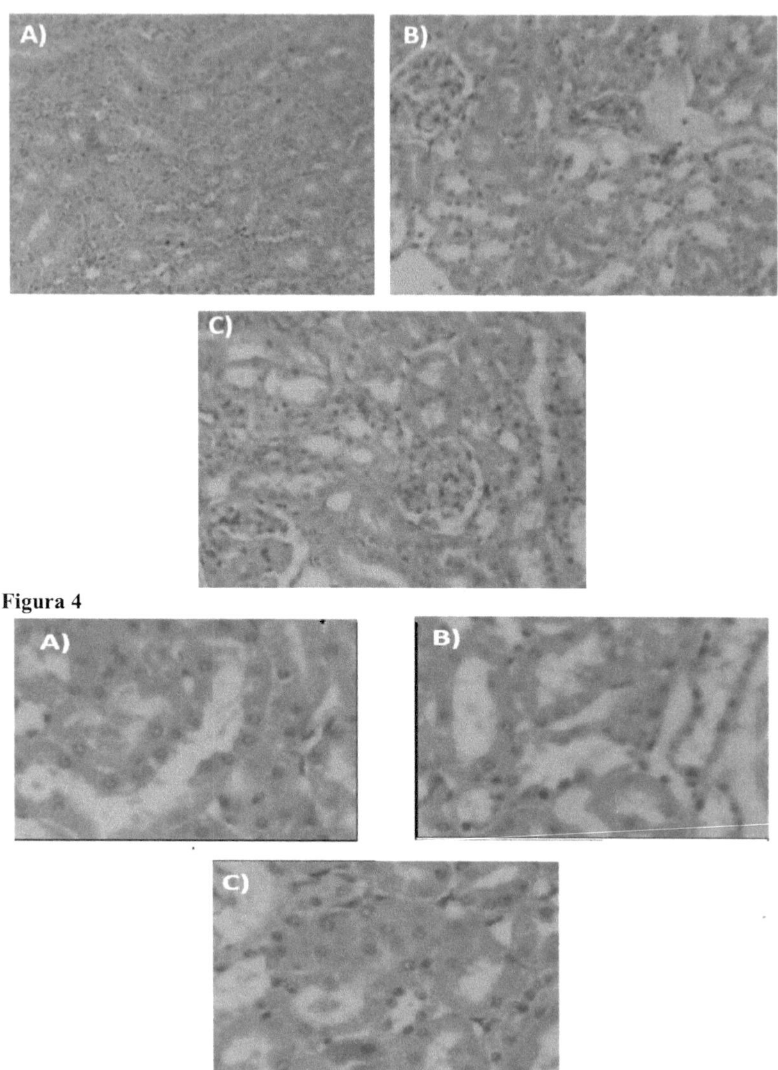

Figura 4

VII. EFEITO DE EXTRACTO AQUOSO, ETANOL E ACETONA DE *SESBANIA GRANDIFLORA* EM GENTAMICINA - RATOS NEFROTÓXICOS INDUZIDOS

Introdução

O rim é o órgão primário e complexo do sistema urinário que purifica o sangue através da remoção de resíduos, excreção e manutenção da homeostase do fluido, equilíbrio electrolítico, pressão arterial, etc. (Guytonand John, 2006). A função dos rins danificados ou lesionados chama-se falência ou nefrotoxicidade dos rins. A lesão nefrotóxica é o terceiro problema mais comum do sistema renal que leva à insuficiência renal aguda, na qual os rins perdem subitamente a sua capacidade de funcionar e a insuficiência renal crónica, na qual a função renal se deteriora lentamente (Kumar et al 2013).A lesão nefrotóxica ocorre num ou em ambos os rins que resulta da exposição a materiais tóxicos, tais como drogas, químicos, etc. Vários antibióticos incluindo penicilina, cefalosporina, tetraciclina, gentamicina e sulfonamidas são considerados como nefrotoxicantes (Bhusan et al 2012; Asiiley, 2004).

Entre os antibióticos, a gentamicina acumulada nos tecidos humanos gera espécies reactivas de oxigénio que reduzem a função do sistema renal, também conhecido como aminoglicosídeo (Paller *et al...*, 1984). A gentamicina causa nefrotoxicidade ao ligar irreversivelmente a subunidade 30S do ribossoma bacteriano, inibindo a síntese proteica nas células renais, necrose das células do túbulo proximal (Sundin et al., 2001). Uma abordagem fitoterapêutica ao desenvolvimento de medicamentos modernos pode fornecer muitos medicamentos inestimáveis de plantas medicinais tradicionais para resolver alguns dos efeitos secundários causados por agentes quimioterápicos (Chatterjee et al 2014). Estudos de actividade nefroprotectora de plantas medicinais contra lesões renais têm relatado que são *Andrographis paniculata*

(Singh et al 2009), *Crotonzam besicus*(Okokon et al 2011), *Vitis vinifera*(Bhargavi et al

2013), *Salix caprea* (Zoobi e Mohd 2012), *Syzygium cumini* (Sreedevi et al 2010), *Tinospora Cardifolia* (Salma et al 2011), *Ocimum gratissimum* (Arhoghro et al 2012), *Kalanchoe pinnata* (Harlalka et al 2007)etc.

Sesbania grandiflora pertencente à família, Fabaceae é conhecida como Agathi. É uma árvore de crescimento rápido com folhas arredondadas e flores de cor branca, vermelha ou rosa. Os frutos parecem feijões verdes planos, longos e finos (Venkateshwarlu et al 2012). As folhas utilizadas para o tratamento da anemia, bronquite, oftalmia, inflamação, lepra, gota, e reumatismo (Ghani, 1998). A planta contém fitoquímicos como arginina, cisteína, histidina, isolcucina, fenilalanina, triptofano, valina, treonina, alanina, aspargina, ácido aspártico, ácido oleanólico, galactose, ramnose e ácido glucurónico. Os frutos são amargo & acre, laxante, febre, dor, bronquite, anemia, tumores, cólicas, icterícia, envenenamento. A raiz é utilizada para tratamento de Rheumatismo, Expectorante, Inchaço doloroso, Catarro (Nadkaran 2007). No presente estudo, o efeito do extracto de folhas de *Sesbania grandiflora* em nefrotoxicidade induzida por gentamicina em ratos albinos foi avaliado através de exames bioquímicos e histopatológicos.

2. Materiais e métodos

Preparação de extractos de folhas de plantas

As folhas de *Sesbania grandiflora* foram colhidas e secas à temperatura ambiente durante 35 dias e trituradas em pó. Cerca de 100 g de pó seco foram misturados com 100 ml de água dupla destilada para a preparação do extracto de folhas aquosas e filtrar a solução através do quemann No 1 filter paper e recolher o sobrenadante. Para etanol e extracto de acetona, 100 g de pó de folha seco foi misturado com 80% de etanol e 80% de acetona respectivamente, extraído utilizando um aparelho soxhlet que é mantido a 55° C durante 24 hr.

Após 24 horas, o etanol e os solventes de acetona foram eliminados à temperatura ambiente e armazenados. Os resultantes (extractos aquosos, etanol e acetona) apareceram de cor esverdeada escura e depois utilizados para o ensaio da actividade nefroprotectora.

Design experimental para a actividade nefro-protectora da *grandifolia de Sesbania*

Os ratos Wister albino machos adultos mantidos em sistema de gaiola de animais com peso entre 150g-170g foram utilizados para a determinação in vivo da actividade nefroprotectora. Os animais foram divididos em seis grupos de seis ratos insexuais cada um:

Grupo I (Normal): Os animais foram recebidos oralmente água destilada durante 10 dias.

Grupo II (Induzido): Administrado oralmente com gentamicina (80 mg/kg de peso corporal) apenas durante 10 dias para induzir nefrotoxicidade.

Grupo III (Padrão): Administrado por via oral com Cystone (20 mg/kg de peso corporal) juntamente com gentamicina (80mg/kg de peso corporal) durante 10 dias.

Grupo IV (Tratamento): Os animais foram administrados oralmente com extracto de folha aquosa (300mg/kg de peso corporal) juntamente com Gentamicina (80mg/kg de peso corporal) durante 10 dias.

Grupo V (Tratamento): Administrado oralmente com extracto de folhas de etanol (300mg/kg de peso corporal) juntamente com Gentamicina (80 mg/kg de peso corporal) durante 10 dias.

Grupo VI (Tratamento): Animais administrados oralmente extracto de folha de acetona (300mg/kg de peso corporal) juntamente com Gentamicina (80 mg/kg de peso corporal) durante 10 dias.

O Cystone foi utilizado como controlo positivo para comparar o potencial nefroprotector de diferentes extractos de folhas de *A. paniculata*. A gentamicina actua como nefrotoxina que induz os danos renais.

Estudos bioquímicos e histopatológicos

Análise bioquímica

No final da experiência, todo o grupo de ratos foi anestesiado com clorofórmio. A amostra de sangue foi colhida de tubos de plástico lisos de veia jugular e centrifugada para separar o soro. O soro foi analisado para ureia (Natelson et al 1951), ácido úrico (Klose et al 1978), creatinina (Bonses e Taussy 1975) e proteína total (Lowry et al 1951).

Estudos histopatológicos

Após uma amostragem de sangue, todos os animais de cada grupo foram sacrificados e separaram as pequenas fatias de rins por procedimento de dissecação e fixados em solução de formalina a 10%. Os rins fixados em formalina fixa foram embutidos em cera de parafina e foram feitas secções em série. As secções foram coradas com hemotoxilina e eosina e depois examinadas com microscópio de luz. O soro foi separado do sangue para a análise de parâmetros como a Ureia Sanguínea

Análise estatística

Os dados foram analisados utilizando a Análise de Variância (ANOVA) de uma forma e expressos como valor médio± S.E.M. de p< 0,05 é considerado como significativo do ponto de vista estatístico.

3. Resultados e discussão

Estudos bioquímicos

5. O extracto de folha de *grandiflora* tem uma actividade nefroprotectora significativa foi confirmada através da estimativa de biomarcadores. Amostras de soro de animais tratados e não tratados foram submetidas a ensaios bioquímicos como ureia, ácido úrico, creatinina e nível proteico total. Os animais do Grupo I mostraram um nível normal de presença destes parâmetros de 30,16±1,72mg/dl, 5,08 ±0,21 mg/dl, e 0,79 ± 0,02 mg/dl, respectivamente (Figura 1). Os parâmetros ureia, ácido úrico e creatinina mostraram níveis aumentados com diminuições significativas (p<0,05) em animais do grupo II tratados com

gentamicina, quando comparados com o grupo I, enquanto que o extracto aquoso, etanol e acetona de folhas de *S. grandiflora* tratadas do grupo IV (34.16 ± 2,48 mg/dl, 5,82 ± 0,33 mg/dl e 0,91± 0,13 mg/dl), V (31,28 ± 0,54 mg/dl, 5,21 ± 0,12 mg/dl e 0,83± 0,54mg/dl) e VI (32,08 ± 0,21 mg/dl, 5,56 ± 0,13 mg/dl e 0,87±0,21mg/dl) mostraram a recuperação do nível elevado (Quadro 1 e 2).

O nível normal de proteína no sangue é de 6,91± 0,59 mg/dl observado em animais do grupo de controlo I, que é diminuído em animais do grupo II nefrotóxicos induzidos por gentamicina é de 3,02 ± 0,84 mg/dl (p<0,05). Esta diminuição foi recuperada nos animais dos grupos IV, V e VI foram administrados oralmente com extracto aquoso, etanol e acetona de folhas de *S. grandiflora* a 7,55± 0,77 mg/dl, 7,61± 0,12mg/dl, e 7,46± 0,13 mg/dl, respectivamente. Estes extractos aumentam significativamente (p<0,001) o nível de proteína no soro sanguíneo. Observa-se um aumento significativo na ureia, ácido úrico e creatinina em ratos nefrotóxicos induzidos por gentamicina enquanto que não se observa um aumento significativo em diferentes extractos de solventes de folhas de *S. grandiflora do* grupo tratado de ratos. Os resultados são apresentados no Quadro 2 e na Fig. 2.A actividade nefroprotectora de *S. grandiflora* talvez devido à presença de constituintes fitoquímicos tais como flavonóides, alcaloides, polifenóis, etc.

Estudo histopatológico

Estudo histopatológico mostrando a actividade protectora dos extractos de *S. grandifloraleaf* contra alterações no sistema renal induzidas pela gentamicina no tecido renal de diferentes grupos experimentais. O padrão histopatológico do rim normal mostrando margens tubulares normais e glomérulos intactos e a cápsula de Bowman (Figura A). A figura B mostra tecido renal afectado pela gentamicina revelando necrose grave e degeneração em tubular. A figura C mostra o tecido renal reparado por afecção tóxica da gentamicina. As figuras A e C mostram os ratos tratados com gentamicina com extracto aquoso e acetona de folhas de *S. grandiflora* ilustram que o padrão tubular normal com um grau suave de

inchaço e necrose. Ratos nefrotóxicos induzidos por gentamicina tratados com o extracto de etanol mostraram que melhorou a desintoxicação no tecido renal (Figura B). Da mesma forma, Masuda et al (2009) relataram que a *Grifola frondosa* também possui a actividade nefroprotectora contra a nefrotoxicidade induzida pela cisplatina, o que correlaciona os nossos resultados.

O rim representa o principal sistema de controlo que mantém a homeostase corporal. A ureia sérica, proteínas, creatinina e ácido úrico são biomarcadores úteis na avaliação da nefrotoxicidade (Leveyet *al.*, 1999). Verificou-se que os parâmetros soroquímicos como a ureia e a creatinina aumentaram significativamente após a administração de gentamicina, o que indica claramente uma insuficiência renal nos rins. O nível de proteína total no soro sanguíneo é susceptível de diminuir se houver inibição da síntese proteica ou se a degradação da proteína for promovida (Heidenreich *et al.*, 1999). Foram geradas espécies de peróxido de hidrogénio e oxigénio reactivo (ROS) no sistema renal dos ratos devido à administração com gentamicina tóxica. Esta produção anormal de ROS pode danificar e induzir lesões celulares e necrose através dos mecanismos, incluindo peroxidação dos lípidos da membrana, desnaturação de proteínas e danos no ADN. Verificou-se que o extracto aquoso, etanol e acetona de *S. grandiflora* normalizam a ureia sanguínea alterada, ácido úrico, creatinina e proteína total, o que resulta numa recuperação acentuada nos rins, como evidenciado microscopicamente.

Conclusão

Os resultados do nosso presente estudo concluíram que extractos de folhas de *S. grandiflora* possuem uma actividade nefroprotectora significativa contra ratos nefrotóxicos induzidos por gentamicina. Os extractos de folhas de *S. grandiflora* foram preparados utilizando diferentes solventes como aquoso, acetona de etanol e administrados oralmente a ratos com insuficiência renal. Os animais tratados com gentamicina (grupo II) mostram níveis aumentados de ureia, ácido úrico e creatinina e níveis diminuídos de proteínas do que os dos grupos de controlo I e II. O extracto vegetal de *S. grandiflora* possui uma actividade nefroprotectora quase equipotente quando comparado com o grupo animal tratado com droga padrão do grupo III. O extracto de *S. grandiflora* a uma dose de 300mg/kg de peso corporal foi encontrado para normalizar os níveis anormais de ureia, ácido úrico, creatinina e proteína e notou-se que a recuperação marcada nos rins foi confirmada pelo estudo histopatológico. Os resultados bioquímicos e histopatológicos foram indicados que o extracto de folhas de *S. grandiflora* tem uma profunda actividade nefroprotectora contra ratos tratados com gentamicina. A actividade provocada pelo extracto pode ser devida à presença de compostos bioactivos como flavonóides, alcalóides, esteróides, lípidos, triterpenóides, etc. Estes resultados sugerem que a potencial utilização de extracto aquoso, etanol e acetona de *S. grandiflora*, um novo agente fitoterapêutico útil para a nefrotoxicidade.

Legendas das figuras

Figura 1: Bioactividade das folhas aquosas, etanol e acetona *A. paniculata* sobre as alterações da ureia, e do nível de ácido úrico no sangue

Figura 2: Bioactividade das folhas aquosas, etanol e acetona *A. paniculata* sobre as alterações da creatinina, e do nível proteico total no sangue

Figura 3: Seccionamento histológico de (A) rim normal mostrando margens tubulares de escova e glomérulos intactos nos tecidos renais sem alterações (B) Representando a necrose tubular em animais tratados com gentamicina (C) mostra que a observação microscópica da estrutura renal normalizada no tratamento com pedra ciária é um controlo positivo

Figura 4: Estrutura histológica do rim tratado com (A) extracto aquoso (B) extracto de etanol (C) extracto de acetona de folhas de *A. paniculata* em animais de rato induzidos por nefrotoxicidade gentamicina revelaram função normalizada e restaurada do sistema renal

Quadro 1: Bioactividade de extractos aquosos, etanol e acetona de folhas de *A. paniculata* em ureia sanguínea e ácido úrico em ratos nefrotóxicos induzidos por gentamicina

Quadro 2: Bioactividade de extractos aquosos, etanol e acetona de folhas de *A. paniculata* em creatinina e nível de proteína total em ratos nefrotóxicos induzidos por gentamicina

Quadro 1

Parâmetros	Ureia sanguínea	Ácido úrico sanguíneo
Grupo I (Normal)	30.16±1.72	5.08 ±0.21
Grupo II (induzido)	59.03± 2.19*	8.28 ± 0.54*
Grupo III (Medicamento padrão)	34.83 ± 3.06***	5.95 ± 0.21***
Grupo IV (Aquoso)	34.16 ± 2.48**	5.82 ± 0.33**
Grupo V (Etanol)	31.28 ±0.54***	5.21 ± 0.12***
Grupo VI (acetona)	32.08 ± 0.21***	5.56 ± 0.13**

*** p< 0,05,** p < 0,01,***p < 0,001** valor são considerados estatisticamente significativos (BMRT)

Quadro 2

Parâmetros	Creatinina	Proteína total
Grupo I (Normal)	0.79 ± 0.02	6.91± 0.59
Grupo II (induzido)	2.88 ± 0.11*	3.02 ± 0.84*
Grupo III (Medicamento padrão)	1.01 ± 0.12***	7.55 ± 0.70***
Grupo IV (Aquoso)	0.91± 0.13**	7.55± 0.77***
Grupo V (Etanol)	0.83± 0.54***	7.61 ± 0.12***
Grupo VI (acetona)	0.87±0.21***	7.46 ± 0.13**

*** p< 0,05,** p < 0,01,***p < 0,001** valor são considerados estatisticamente significativos (BMRT)

Figura 1

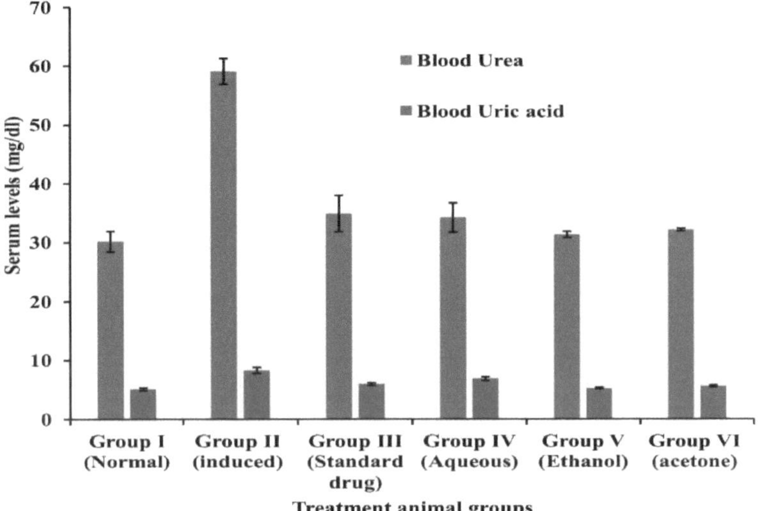

Figura 2

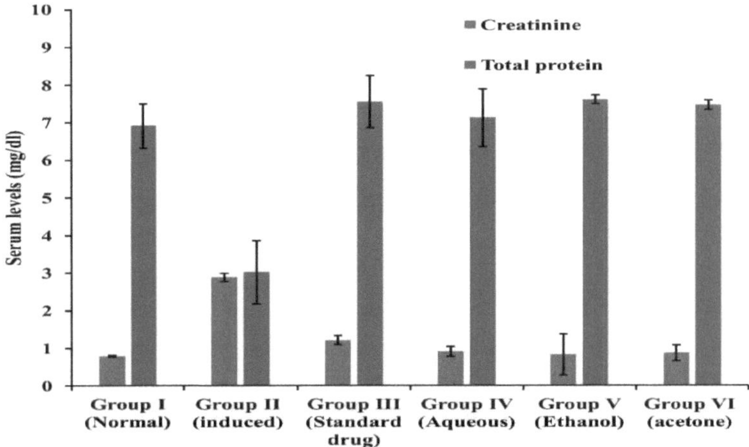

Figura 3

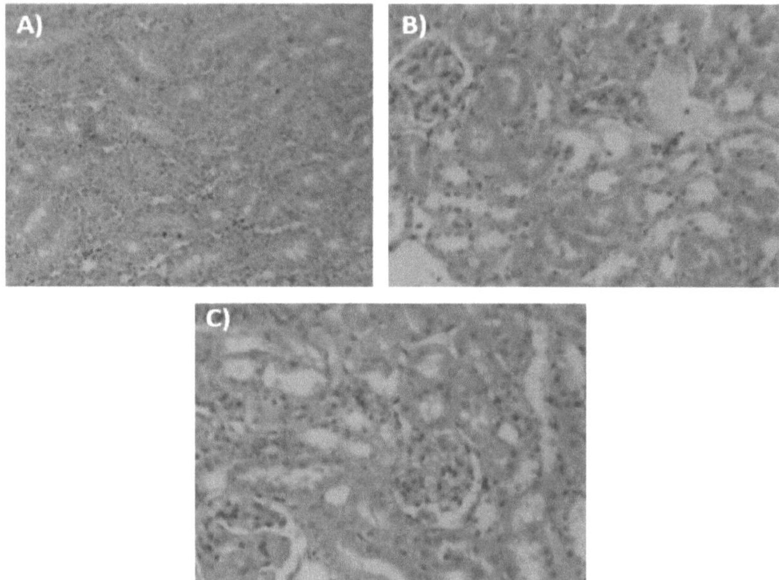

Figura 2

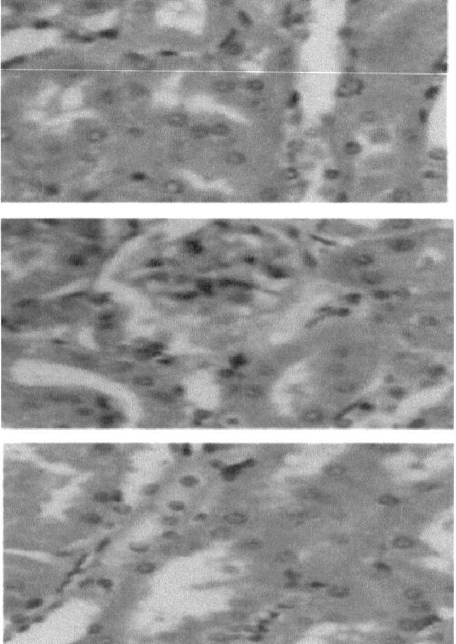

VIII.   **Actividade anticancerígena das folhas de *Andrographis paniculata* contra HEp2 (linha celular de carcinoma de laringe humana)**

Introdução

O cancro é uma das principais causas mais comuns de mortalidade a nível mundial. O cancro é um crescimento descontrolado de células que resulta na falta de diferenciação e capacidade de invadir tecidos locais e metástases que proliferam individualmente em todo o corpo. Durante a metástase, as células cancerígenas entram na corrente sanguínea e são levadas para partes distantes do corpo onde formam outros crescimentos semelhantes (Jemal et al., 2008). Estão disponíveis medicamentos sintéticos para o tratamento do cancro, mas não estão isentos de efeitos adversos. A quimioterapia e a radioterapia são os principais tratamentos clínicos utilizados para o controlo das fases iniciais do tumor, mas estes métodos têm efeitos secundários graves (Hogland 1982). No entanto, eram necessários métodos alternativos e complementares para melhorar o tratamento de doenças como o cancro (Thanangkuland Chaichantipyuth, 1985). A natureza tem fornecido ao ser humano uma variedade de fontes úteis principalmente plantas para a descoberta e desenvolvimento de medicamentos contra doenças terríveis (Joselin e Jeeva2014). As ervas tradicionais como um sistema eficaz de tratamento do cancro e de muitas doenças (Sundaram et al., 2011). Os medicamentos de plantas medicinais são comparativamente menos tóxicos e com efeitos secundários (Farnsworth, 1988).

A planta medicinal *Andrographispaniculata* pertence à família Acanthaceae e comummente conhecida como o Rei dos amargos. Raízes e folhas desta planta herbácea foram utilizadas para o tratamento de infecções respiratórias, dores de garganta e outras doenças crónicas e infecciosas. A sua nativa é a Índia e a Srilanka e geralmente cultivada no sul da Ásia. As folhas têm muitos constituintes fitoquímicos como fenóis, taninos, alcalóides, saponinas flavonóides e açúcares redutores. Estes fitoquímicos estão activamente envolvidos nos usos medicinais para o tratamento de várias doenças. Esta planta tem muita actividade medicinal tais como antimicrobiana (Zaidan, et al 2005), anti-inflamatória (Abu-Ghefreh et al 2009), antioxidante (Trivedi e Rawal, 2001), anti-alérgica, actividade hepatoprotectora (Vetriselvan et al 2011), e actividade nefroprotectora. O extracto vegetal também exibe antitipóides, antifúngicos, antimaláricos antitrombogénicos, anti veneno de serpente, e antipiréticos. Além disso, é também utilizado como agente imunoestimulante. No presente relatório, relatamos actividades anticancerígenas invitro de diferentes extractos derivados de folhas de *A. paniculata* contra diferentes linhas de células cancerígenas humanas são neuroblastima (HEp2).

Materiais e Métodos

Produtos químicos

O brometo de 3-(4,5-dimetiltiazol-2-il)-2,5-difeniltetrazólio (MTT), dimetilsulfóxido (DMSO), doxorubicina e outros produtos químicos foram adquiridos nos laboratórios privados Himedia, Mumbai. A planta medicinal *A. paniculataplant* foi recolhida em Vandhavasi, , Sul da Índia.

Preparação de extractos de plantas

As folhas de *Andrographis paniculata* foram recolhidas e secas à sombra durante 3-5 dias. As folhas secas à sombra foram sujeitas a maceração para obter pó grosseiro que foi depois utilizado para extracção com água, etanol e acetona. O extracto de água foi preparado submergindo 100 g de pó de folhas secas em 200 ml de dupla destilação durante 24 horas. 100g de pólvora seca foram embalados vagamente no dedal do aparelho soxhlet e extraídos com 80% de etanol a 55° C durante 24 horas. O extracto de acetona foi preparado por adição de pó seco com o solvente acetona a 80%. Os extractos foram deixados a evaporar no ar à temperatura ambiente, produzindo uma água concentrada, etanol e extracto de acetona que foi utilizado para os estudos anticancerígenos.

Actividade anticancerígena contra a linha celular do carcinoma da laringe humana (HEp2)

A viabilidade das células foi testada pelo ensaio MTT (3-(4,5-dimetiltiazol-2-il)-2,5- difeniltetrazoliumbromide). As células foram laminadas separadamente em 96 placas de poço a uma concentração de 1 x 104 células/poço e expostas a diluições em série de extracto aquoso, etanol e acetona de *A. paniculata* durante 24 h. Depois as células foram mudadas para meio sem soro contendo MTT e incubadas durante 4 horas em incubadora de CO_2 a 37°C. O ensaio espectrofotométrico de MTT avaliado com base na capacidade das células vivas de reduzir o MTT amarelo solúvel em farmazano púrpura insolúvel. Os cristais de Farmazan foram dissolvidos utilizando DMSO e a densidade óptica foi medida a 570 nm. Os 50% do valor da concentração inibitória (IC_{50}) dos extractos foram identificados para a linha de células normais não tratadas. A Doxorubicina, droga anticancerígena comercial, foi utilizada como controlo positivo. O ensaio foi realizado em triplicado para cada extracto.

$$\% \text{ Cell viability} = 1 - \frac{\text{Absorbance for treated cells}}{\text{Absorbance for control cells}} \times 100$$

Análise estatística

Os valores quantitativos obtidos foram caracterizados pela análise de regressão utilizada para calcular a concentração de inibição de 50 % (IC_{50}) na viabilidade celular. Os resultados foram expressos como a média $\pm$ DP dos valores obtidos em triplicado a partir de três experiências independentes. As diferenças estatísticas entre amostras correlacionadas foram notadas como sendo significativamente diferentes onde $p < 0,05$ utilizando análise de variâncias unidireccional (ANOVA).

Resultados

Actividade anticancerígena de extractos de plantas

O ensaio *in vitro* da actividade anticancerígena de extractos aquosos, etanol e acetona de folhas de *A. paniculata* contra linhagens de células cancerosas HEP2 em diferentes concentrações foi avaliado pelo ensaio MTT (Quadro 1 e 2). O ensaio MTT é baseado na redução metabólica

de MTT em cristais de formazan no tratamento com linhas de células cancerosas. As actividades inibitórias destes extractos foram comparadas com o medicamento padrão doxorubicina para linhas de células cancerígenas HEp2. Verificou-se que a percentagem de viabilidade celular cancerígena estava em diferentes concentrações de extractos (Quadro 1 e 2). A actividade anticancerígena nas diferentes concentrações de 50 gg, 100gg, 150gg, 200gg, 250 gg e 300 gg/ml mostrou uma inibição eficaz contra as linhas de células cancerígenas. Todos os extractos foram activos contra as linhas de células cancerígenas HEP2. Observou-se um aumento da percentagem de inibição das linhas celulares através da supressão da viabilidade a partir da Figura 1 -6 que um aumento gradual da percentagem em todos os tratamentos. Contudo, a 150 gg/ml de doxorubicina testada mostra 51,33±1,14 e 52,03±1,90 de viabilidade celular contra as linhas de células cancerígenas HEp2, enquanto que o extracto de etanol apenas cruzou 50% de inibição a 200 gg/ml. O extracto aquoso não mostrou actividade anticancerígena pronunciada em comparação com os extractos de etanol e acetona (Figura 1-3). Os extractos de etanol mostraram a maior actividade contra as linhas de células cancerosas HEP2 seguidas de acetona e extractos aquosos e isto pode ser devido à maior estabilidade dos fitoquímicos activos presentes no solvente durante mais tempo (Figura 4-6).Os extractos de etanol foram submetidos a diferentes concentrações nas linhas de células HEP2 e cancerígenas, resultando numa inibição de 51,25±0,85 e 50,25±1,6% a 200 gg/ml, respectivamente com algumas diferenças significativas (p< 0,01).A percentagem de concentração de inibição (IC50) é de 200gg/ml. Outros extractos em diferentes concentrações mostram menos efeito na viabilidade das linhas celulares cancerosas. Enquanto os extractos aquosos mostram uma fraca inibição contra as linhas celulares cancerosas HEP2cancer e IC50 é de 250 gg/ml.

Neste estudo realizámos actividade anticancerígena de extractos aquosos, etanol e acetona de folhas de *A. paniculata* contra linhas HEP2 em estado invitro. Estes extractos mostram uma actividade significativa em comparação com os fármacos comerciais. A actividade superior foi notada no extracto de etanol, em comparação com outros extractos. Os extractos de *A. paniculata* reduzem o risco de cancro devido à presença de flavonóides (Ferguson et al 2004). O extracto de etanol tem alcalóides e os flavonóides podem ter a actividade superior contra as linhas celulares cancerígenas em comparação com os extractos estudados neste relatório(Vijayan et al 2004). Da mesma forma, os resultados deste estudo estão de acordo com as conclusões de Park et al (2008) e Reed e Pellecchial (2005) afirmaram que os flavonoides induziriam a apoptose por fragmentação do ADN, condensação nuclear e encolhimento celular.

Conclusão

Em conclusão, o relatório deste estudo mostra que os diferentes extractos de folhas de *A. paniculata* eram tóxicos para as linhas celulares cancerígenas. A actividade anticoagulante da água, etanol e extractos de acetona de folhas de *A. paniculata* depende do solvente utilizado para a extracção de fitoquímicos presentes nas folhas. O extracto de etanol mostra mais inibição das células quando comparado com outros extractos, devido à presença de alcalóides e flavonóides. Foi observada uma concentração inibitória mínima baseada na percentagem de viabilidade celular de 50% a 200 gg/ml para extractos de etanol e 250 gg/ml para extractos de água e acetona contra linhas de células HEP2. Com base nestes resultados, água, etanol e extractos de acetona de *A. paniculata* folhas potencialmente a serem desenvolvidas como fitoterapia que substituem o agente quimioterápico contra as linhas de células cancerosas HEp2.

Legendas das figuras

Figure 1   Actividade anticancerígena de extractos de água *A.* folhas de *paniculata* contra linhas de HEP2cell

Figura 2:Actividade anticancerígena de extractos de etanol *A.* folhas de *paniculata* contra linhas de células HEP2

Figura 3:Actividade anticancerígena de extractos de acetona *A.* folhas de *paniculata* contra linhas de células HEP2

Quadro 1: Actividade anticancerígena de extractos de folhas de *A. paniculata* contra linhas de células HEP2

Concentração	Viabilidade celular %			
(gg/ml)	Norma Droga	Extracto aquoso	Etanol extracto	Acetona extracto
50	$92.53\pm0_{.99}*$	$97.28\pm0_{.63}**$	$93.21\pm1_{.14}*$	$95.55\pm1_{.25}*$
100	$76.44\pm1_{.27}**$	$90.36\pm0_{.85}**$	$89.69\pm0_{.65}***$	$91.82\pm0_{.89}***$
150	$51.33\pm1_{.14}***$	$74.05\pm1_{.59}*$	$60.65\pm1_{.31}**$	$75.45\pm0_{.85}**$
200	$29.65\pm0_{.64}**$	$66.51\pm0_{.46}**$	$51.25\pm0_{.85}***$	$62.24\pm0_{.82}***$
250	$19.23\pm0_{.81}*$	$50.75\pm1_{.02}*$	$32.04\pm0_{.78}*$	$51.27\pm1_{.09}**$
300	$10.89\pm0_{.47}**$	$16.06\pm1_{.44}**$	$20.98\pm0_{.95}**$	$19.04\pm1_{.55}*$

*** p< 0,05,** p < 0,01,***p < 0,001** valor são considerados estatisticamente significativos (BMRT)

Figura 1

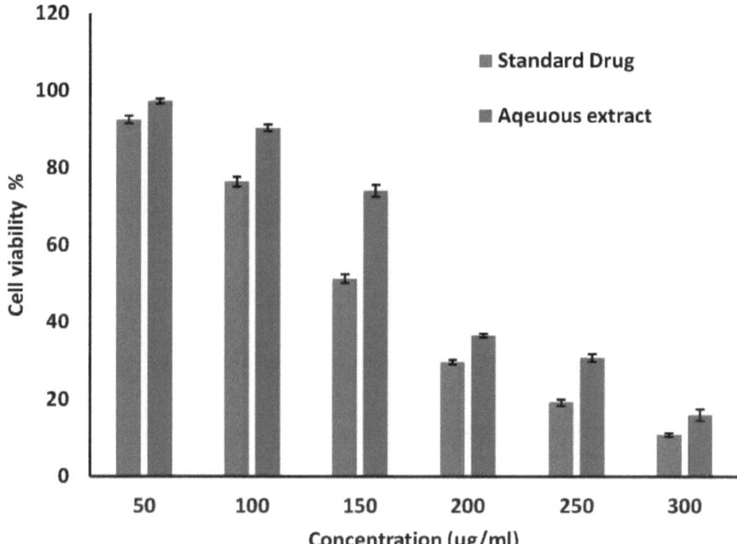

Figura 2

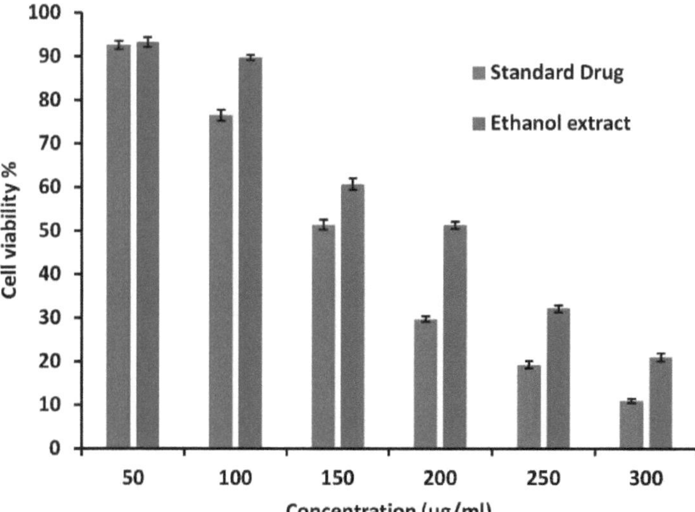

Figura 3

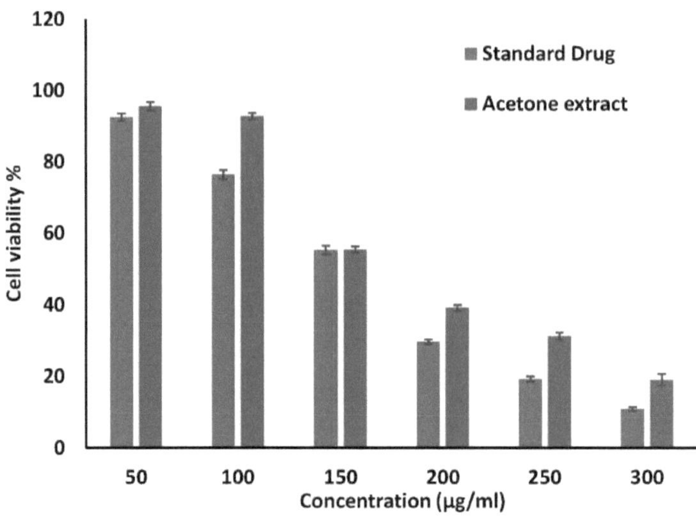

120
100
80
60
40
20
0
Cell viability %
Standard Drug
Acetone extract
50
100
150
200
250
300
Concentration (µg/ml)

IX.   Actividade anticancerígena das folhas de *Sesbania grandiflora* contra HEp2 (linha de células cancerígenas da laringe humana)

Introdução

O cancro é um problema de saúde pública mundial e uma das principais causas de morte. O cancro é definido como um crescimento irregular de células exibindo uma divisão não controlada de forma não convencional, resultando num aumento gradual do número de divisões celulares (Kanchana e Balakrishna 2011). O desenvolvimento de terapias para a rápida propagação do cancro não tem sido bem sucedido e as exigências crescentes (Unno et al 2005; Xu et al 202009). Portanto, é um desafio desenvolver um medicamento para os vários tipos de doenças. As células HT29 são células epiteliais humanas que produzem a componente secretora da imunoglobulina A (IgA), e o antigénio carcinoembriónico (CEA) (Devi e Bhimba 2012). O neuroblastoma é um tipo comum de cancro em bebés que afecta bebés e crianças pequenas formadas por células nervosas neuroblastas. Estas células imaturas crescem e amadurecem, tornando-se células nervosas funcionais. Mas em vez disso tornam-se células cancerígenas. A quimioterapia e a radioterapia estão disponíveis para o tratamento e controlo das células cancerosas, mas ainda assim apresentam uma baixa especificidade e são limitadas pela dose limitadora de toxicidade.

Os medicamentos provenientes de plantas têm desempenhado um papel importante na manutenção da saúde humana e na melhoria da qualidade do ser humano (Ismail et al 2012). Nos últimos anos, um número crescente de produtos naturais tem sido relatado para exibir compostos anti-tumor foram isolados de plantas herbáceas utilizadas em vários sistemas medicinais tradicionais. Espera-se que os medicamentos à base de plantas medicinais venham a revolucionar o diagnóstico e a terapia do cancro. Foi demonstrado que a maioria das plantas e os seus constituintes isolados têm potencial actividade anticâncer (Cragg e Newman, 2005). Várias plantas têm propriedades farmacológicas que demonstraram ter potencial para curar os cancros humanos sem causar efeitos secundários devido a terem substâncias anti-tumorais (Rani et al 2011).

Sesbania grandiflora é uma planta medicinal indiana que é amplamente utilizada na Ayurveda e noutros sistemas alternativos de medicina. É geralmente conhecida como "Sesbania" e "agathi", é amplamente utilizada na medicina tradicional indiana para o tratamento de uma vasta gama de doenças como reumatismo, cancro e doenças hepáticas. A planta *Sesbaniagrandiflorais* pertence à família Fabaceae (Kachroo et al 2011). As folhas da planta servem como uma actividade antioxidante natural e o sumo de folhas utilizado para tratar vermes, biliosidade, febre, gota e lepra (Okonogiet *al.*, 2007). As folhas desta planta têm efeito medicinal devido à sua propriedade adstringente; por isso é usada contra inflamações, venenos e outros venenos, infecções bacterianas e tumores (Mannetje e Jones 1992). Recentemente, foram relatadas actividades ansiolíticas, hepatoprotectoras, cardioprotectoras, antiurolitíticas e antioxidantes de *Sesbaniagrandiflora* (antiansiedade). Extracto de folhas de *S.grandiflora* mostra actividade hepatoprotectora significativa (Kasture 2002), antimicrobiana (Pari e Uma 2003), analgésica e antipirética (Vijay et al 2009). Devido à grande utilização de S. grandiflora, o objectivo deste estudo foi investigar a actividade anticancerígena da sua água foliar, etanol e extractos de acetona contra as linhas celulares de S.grandiflora (linha de células cancerígenas da laringe humana), em dose dependente do método.

Material e Métodos

Produtos químicos

Foram adquiridos brometo de 3-(4,5-dimetiltiazol-2-il)-2,5-difeniltetrazólio (MTT), dimetilsulfóxido (DMSO), doxorubicina e outros produtos químicos de

Laboratórios Himedia privados limitados, Mumbai.

Preparação da extracção de Sesbaniagrandifloraleaves

As folhas das plantas foram recolhidas em Vandhavasi, TN, Índia. As folhas das plantas recolhidas foram secas à sombra e em pó. Os materiais em pó serão embalados e extraídos com 80% de etanol e acetona em dois aparelhos Soxhlet durante 24 h a 55° C. O extracto de água foi preparado submergindo 100 g de pó de folhas secas em 200 ml de dupla destilação durante 24 horas. Os extractos serão concentrados utilizando um evaporador rotativo com flash e o extracto será utilizado para avaliar a anticanceractividade.

Actividade anticancerígena contra HEp2 (linha celular do carcinoma da laringe humana) linha celular do cancro

O ensaio de viabilidade celular foi feito pelo ensaio MT(3-(4,5-dimetiltiazol-2-il)-2,5- brometo de difeniltetrazólio) é uma análise colorimétrica baseada na medição da actividade das enzimas celulares que as células vivas reduziram o corante amarelo MTT em formazan de cor púrpura insolúvel. As células foram laminadas e cultivadas com diferentes concentrações de extractos de plantas e incubadas durante 24 horas na atmosfera de CO_2. Após 24 horas de tratamento, o MTT foi adicionado em cada poço e incubado a 37C durante 4 horas em câmara de 5% de CO_2. Em seguida, o meio foi removido e lavado com solução tampão fosfato. Em seguida, adicionou-se DMSO a cada poço que dissolve os cristais insolúveis de formazan em solução colorida. A intensidade da solução colorida foi medida utilizando o leitor de microplaca ELISA a 570 nm. Os resultados foram expressos como a densidade óptica de células tratadas em percentagem à das células de controlo. Os 50% do valor da concentração inibitória (IC_{50}) dos extractos foram identificados para a linha de células normais não tratadas. A Doxorubicina, droga anticancerígena comercial, foi utilizada como controlo. O ensaio foi realizado em triplicado para cada extracto.

$$\% \text{ Cell viability} = 1 - \frac{\text{Absorbance for treated cells}}{\text{Absorbance for control cells}} \times 100$$

Análise estatística

Os dados quantitativos obtaine foram analisados usando uma Análise de Variância (ANOVA) e expressos como média± S.E.M. o valor de p< 0,05 é considerado como significante estatístico. As parcelas de dados da experiência de viabilidade celular contra a concentração de fármacos e extractos.

Resultados e Discussão

A erva medicinal S. garandiflora folhas mostrou actividade anticancerígena contra as linhas celulares HEp2 (linha celular do carcinoma da laringe humana) (Quadro 1). No presente estudo, o tratamento com água, etanol e extractos de acetona suprimiram a viabilidade celular até 50% a 200pg/ml contra ambas as linhas celulares (Figura 1-3). O extracto mostrou uma inibição significativa na viabilidade celular de uma forma dependente da dose. O tratamento com extracto de etanol contra HEp2 (linha celular de carcinoma de laringe humana) diminui significativamente a viabilidade das células a 200g/ml quando comparado com outros extractos. As células estiveram em contacto com 50pg/ml, 100pg/ml, 150pg/ml, 200pg/ml, 250pg/ml, e 300pg/ml de extracto mostraram um número decrescente de viabilidade celular. Os resultados indicam que os extractos de S. grandiflora têm uma actividade anticancerígena em ambas as linhas celulares. O efeito citotóxico máximo foi observado no extracto de etanol. Esta variação na actividade ocorre devido à presença de diferentes fitoconstituintes como flavonoides, alcaloides e esteroides. Alcalóides (Yang e Wang, 1993) Flavonoides, (conese e Blasi, 1995), fenóis, polifenóis e outros derivados foram associados a propriedades anticancerígenas (Cirla e Mann, 2003). O extracto de etanol tem uma elevada quantidade de alcalóides e flavonóides que estão activamente envolvidos na morte das células cancerígenas. A morte celular ocorre por apoptose e necrose causada pelo fármaco. Os alcalóides fitoquímicos, flavonóides e polifenóis inibiram activamente as células na síntese de proteínas, quer danificando o ADN, quer bloqueando a nível transnacional, o que pode determinar a mortalidade das células (Singh et al 2013).

Conclusão

Os medicamentos sintéticos ou semi-sintéticos podem curar as doenças, mas ao mesmo tempo são altamente tóxicos por natureza, enquanto que os medicamentos à base de plantas minimizam os efeitos secundários adversos. Neste presente relatório concluímos que a actividade anticancerígena de diferentes extractos de *S. grandiflora* derivados de solventes como a água, o etanol e a acetona é determinada pelo método colorimétrico do ensaio MTT. As células vivas reduzem o corante amarelo MTT em formazan de cor púrpura insolúvel a 50% em concentrações de 200pg/ml. A concentração de IC_{50} é de 200 pg/ml para todos os extractos. Assim, o nosso relatório sugeriu que o medicamento à base de plantas de *S. grandiflora* deixa activamente no crescimento de células cancerosas melhor do que o medicamento padrão, substituindo o tratamento quimioterápico. Furtherstudy necessário para identificar o composto activo exacto presente nas folhas de *S. garandiflora,* subjacente a esta elevada actividade anticancerígena.

Legendas das figuras

Figura 1: Actividade anticancerígena de extractos de água *S. grandiflora* folhas contra HEp2 (linha celular do carcinoma da laringe humana)

Figura 2:Actividade anticancerígena de extractos de etanol *S. grandiflora* folhas contra HEp2 (linha de células cancerígenas da laringe humana)

Figura 3:Actividade anticancerígena de extractos de acetona *S. grandiflora* folhas contra HEp2 (linha celular do carcinoma da laringe humana)

linhas celulares

Quadro 1: Actividade anticancerígena de extractos de folhas de *S. grandiflora* contra HEp2 (linha celular do carcinoma da laringe humana)

Quadro 1

concentração (gg/ml)	Viabilidade celular %			
	Norma Droga	Extracto aquoso	Etanol extracto	Acetona extracto
50	92.53±0.99*	98.12±0.9*	94.21±1.14**	96.55±1.25**
100	76.44±1.27**	92.56±1.09*	84.87±1.65**	91.82±1.64*
150	51.33±1.14*	79.78±1.25**	66.65±1.25**	65.65±1.45**
200	29.65±0.64*	57.19±1.16**	52.15±0.85***	54.25±0.82**
250	19.23±0.81**	40.54±1.15**	42.15±1.09**	45.77±1.9**
30010	.89±0.47*26	.38±0.95**	21.64±0.95***	23.61±0.95**

*** p< 0,05,** p < 0,01,*****p < 0,001 valor são considerados estatisticamente significativos (BMRT)

Figura 1

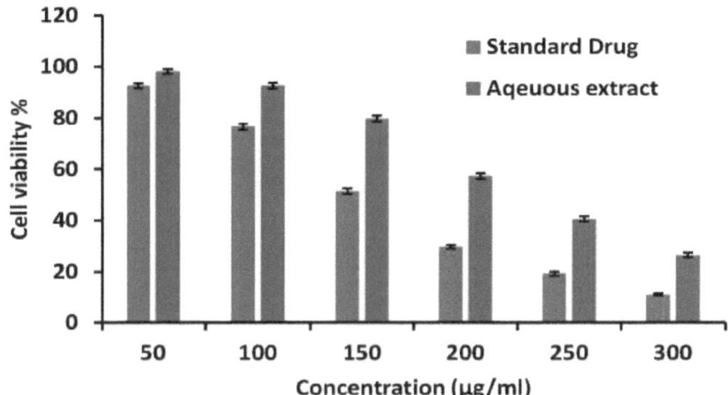

Figura 2

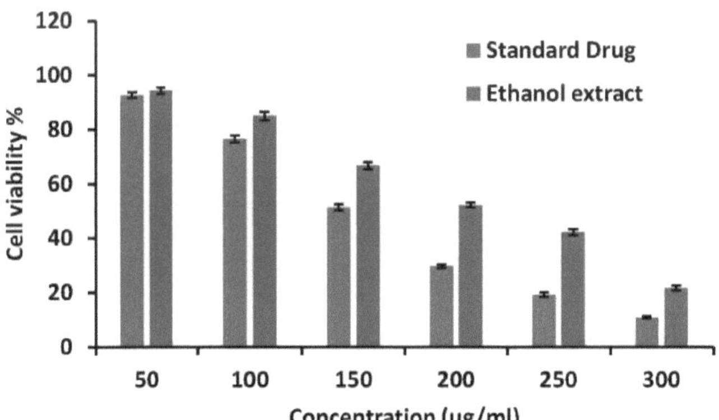

Figura 3

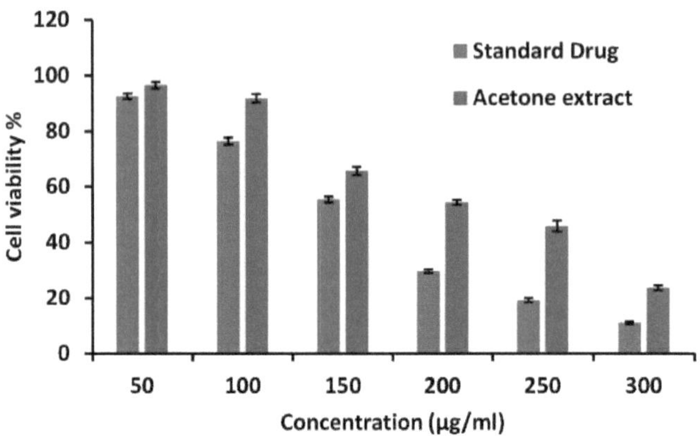

120
100
80
60
40
20
0
Cell viability %
Standard Drug
Acetone extract
50
100
150
200
250
300
Concentration (µg/ml)

Referências

1. **Akbar S.** 2011. Andrographis paniculata: Uma Revisão das Actividades Farmacológicas e Efeitos Clínicos. Revisão de Medicina Alternativa **16(1)**, 66-77.

2. **Akbarsha MA, Manivannan B, Hamid KS, Vijayan B.** 1990. Efeito antifertilidade de *Andrographis paniculata* (Nees) em rato albino macho. Indian Journal of Experimental Biology **28(5)**, 421- 426.

3. **Alamgir MH, Roy BK, Ahmed K, Chowdhury AMS, Rashid MA.** 2007. Antidiabetic Activity of *Andrographis paniculata.* Dhaka University Journal of Pharmaceutical Sciences **6(1)**, 15- 20.

4. **Alireza V, Mihdzar AK, Soon GT, Daryush T, Mohd PA, Sonia N.** 2011. Nain-e Havandi *Andrographis paniculata* presente ontem, ausente hoje: uma revisão plenária sobre erva subutilizada das plantas farmacêuticas do Irão. Revista Internacional de Biologia Molecular e Celular **39(5)**, 5409- 5424, http://dx.doi.org/10.1007/s11033- 011-1341-x

5. **Borhanuddin M, Shamsuzzoha M, Hussain AH.** 1994. Efeitos hipoglicémicos da *Andrographis paniculata* Nees em coelhos não diabéticos. Bangladesh Medical Research Council Bulletin **20(1)**, 24- 26.

6. **Dandu AM, Inamdar NM.** 2009. Avaliação dos efeitos benéficos das propriedades antioxidantes do extracto de folha aquosa de andrographis paniculata na diabetes induzida por stz. Pakistan Journal of Pharmacuetical Science **22(1)**, 49-52.

7. **Devaraj S, Jegathambigai R, Kumar P, Sivaramakrishnan S.** 2010. Estudo sobre o efeito hepatoprotector de androgaraphis paniculata (Burm. f) nees on mice. Journal of Phytology **2(11)**, 25- 30.

8. **Doss VA, Kalaichelvan PT.** 2012. Rastreio in vitro da actividade antimicrobiana e antioxidante do extracto de folhas de *Andrographis paniculata* em Nadu tâmil. International Journal of Pharmacy and Pharmaceutical Sciences **4(1)**, 227- 229.

9. **Dua VK, Ojha VP, Roy R, Joshi BC, Valecha N, Devi CU, Bhatnagar MC,**

Sharma VP, Subbarao SK. 2004. Actividade anti-malária de algumas xantonas isoladas das raízes da *Andrographis paniculata*. Journal of Ethnopharmacology. **95(2-3),** 247-251.

10. **Harjotaruno S, Widyawaruyanti A, Sismindari, Zaini NC.** 2007. Apoptose induzindo o efeito de andrographis paniculata na linha de células cancerosas da mama humana TD-47. African Journal of Traditional Complementary and Alternative Medicines **4(3),** 345 - 351.

11. **Hosamani PA, Lakshman HC, Sandeepkumar K, Hosamani RC** 2011.

12. Actividade antimicrobiana de Extracto de Folha de *Andrographis paniculata* Wall. Repórter de Investigação Científica **1(2),** 92 - 95.

13. **Huidrom S, Deka M.** 2012. Determinação da propriedade antioxidante de *Andrographis paniculata.* Revista Indiana de Drogas e Doenças. **1(1),** 12- 17.

14. **Jarukamjorn K, Nemoto N.** 2008. Aspecto farmacológico da *Andrographis paniculata* sobre a saúde e o seu principal constituinte diterpenóide andrographolide. Journal of Health Science **54(4),** 370-381.

15. **Kalaivani CS, Sathish SS, Janakiraman N, Johnson M.** 2012. Estudos GC-MS sobre Andrographis paniculata (Burm. f), Wall. ex Nees - uma planta medicinalmente importante. International Journal of Medical Aroma Plant. **2(1),** 69- 74.

16. **Kumar A, Dora J, Singh A, Tripathi R.** 2012. Uma revisão sobre o rei do amargo (Kalmegh). Revista internacional de investigação em farmácia e química **2(1),** 116-124.

17. **Kumar RA, Sridevi K, Kumar NV, Nanduri S, Rajagopal S.** 2004. Anticâncer e compostos imuno-estimuladores de *Andrographis paniculata*. Journal of Ethnopharmacology. **92(2-3),** 291-295.

18. **Maiti K, Gantait A, Mukherjee K, Saha BP, Mukherjee PK.** 2006. Potenciais terapêuticos de Andrographolide de *Andrographis paniculata* : Uma revisão. Journal of Natural Remedies **6(1),** 1 - 13.

19. **Majee C, Gupta BK, Mazumder R, Chakraborthy GS.** 2011. Desenvolvimento do Método HPLC e Caracterização da Molécula Bio-Activa Isolada da *Andrographis paniculata*. International Journal of Pharm Tech Research **3(3)**, 1586- 1592.

20. **Meenatchisundaram S, Parameswari G, Subbraj T, Suganya T, Michael A.** 2009. Actividades Medicinais e Farmacológicas de *Andrographis paniculata* - Review. Folhetos Etnobotânicos **13**, 55- 58.

21. **Mishra K , Dash AP, Swain BK, Dey N.** 2009. Actividades anti-malária de extractos de *Andrographis paniculata* e *Hedyotis corymbosa* e a sua combinação com curcumina. Malaria Journal **8**, 26, http://dx.doi.org/10.1186 /1475-2875-8-26

22. **Mishra US, Mishra A, Kumari R, Murthy PN, Naik BS.** 2009. Actividade Antibacteriana do Extracto de Etanol de *Andrographis paniculata.* Jornal Indiano de Ciência Farmacêutica. **71(4),** 436-438, http://dx.doi.org/10.4103/0250-474X.57294

23. **Mulukuri VLS, Mondal NB, Prasad MR, Renuka S, Ramakrishna K.** 2011.

24. Isolamento de Lactonas Diterpenóides das Folhas de *Andrographis Paniculata* e a sua Actividade Anticancerígena. International Journal of Pharmacognosy and Phytochemical Research **3(3),** 39-42.

25. **Nagalekshmi R, Menon A, Chandrasekharan DK, Nair CK.** 2011. Actividade Hepatoprotectora de *Andrographis paniculata* e *Swertia chirayita*. Toxicologia Química e Alimentar. **49(12),** 3367- 3373, http://dx.doi.org/10.1016/j.fct.2011.09.026

26. **Nugroho AE, Andrie M, Warditiani NK, Siswanto E, Pramono S, Lukitaningsih E.**

27. 2012. Efeito antidiabético e antihiperlipidémico da *Andrographis paniculata* (Burm. f.) Nees e andrographolide em ratos alimentados com gorduras elevadas. Jornal Indiano de Farmacologia **44(3),** 377- 381.

28. **Ojha SK, Nandave M, Kumari S, Arya DS.** 2009. Actividade antioxidante da

Andrographis paniculata no Myocardium isquémico dos ratos. Global Journal of Pharmacology **3(3)**, 154- 157.

29. **Parashar R, Upadhyay A, Singh J, Diwedi SK, Khan NA.** 2011. Morpho-Avaliação Fisiológica de *Andrographis paniculata* em Diferentes Fases de Crescimento. World Journal of Agricultural Sciences **7(2)**, 124- 127.

30. **Patidar S, Gontia AS, Upadhyay A, Nayak PS.** 2011. Componentes Bioquímicos em Kalmegh (*Andrographis paniculata* Nees.) Sob Vários Níveis de Espaçamento de Filas e Nitrogénio. World Applied Sciences Journal **15(8)**, 1095-1099.

31. **Pitinidhipat N, Yasurin P.** 2012. Actividade antibacteriana de *Chrysanthemum indicum, Centella asiatica* e *Andrographis paniculata* contra *Bacillus cereus* e *Listeria monocytogenes* sob stress osmótico. AU Journal of Technology **15(4)**, 239- 245.

32. **Radhika P, Lakshmi KR.** 2010. Actividade antimicrobiana dos Extractos de Clorofórmio da Raiz e do Tronco de *Andrographis paniculata* Nees. International Research Journal of Microbiology **1(2)**, 37- 39.

33. **Rafat A, Philip K, Muniandy S.** 2010. Potencial antioxidante e conteúdo de compostos fenólicos em extractos etanólicos de partes seleccionadas de *Andrographis paniculata.* Journal of Medicinal Plants Research. **4(3)**, 197- 202.

34. **Rajalakshmi G, Aruna D, Bhuvaneswari B, Venkatesan RS, Natarajan A, Jegatheesan K.** 2012. Efeito profiláctico dos extractos de *Andrographis paniculata* contra espécies fúngicas. Journal of Applied Pharmaceutical Science **2(9)**, 58-60, http://dx.doi.org/10.7324/JAPS.2012.2912

35. **Rao NK.** 2005. Actividades Anti-Hiperglicémicas e Renais de Protecção da *Andrographis Paniculata* Roots Chloroform Extract. Revista Iraniana de Farmacologia & Terapêutica. **5**, 47- 50.

36. **Sattayasai J, Srisuwan S, Arkaravichien T, Aromdee C.** 2010. Efeitos do andrographolide nas funções sexuais, reactividade vascular e nível de testosterona sérica em roedores. Toxicologia Alimentar e Química **48**, 1934- 1938.

37. **Sharma M, Joshi S.** 2011. Comparação da actividade antioxidante das folhas de *Andrographis paniculata* e *Tinospora cordifolia*. Journal of Current Chemical and Pharmaceutical Science1(1), 1-8.

38. **Sharma M, Sharma RG, Rawat RD, Sharma N.** 2011. Avaliação da actividade fitoquímica e antibacteriana do extracto metanólico quente e frio de folhas e planta inteira de *Andrographis paniculata*. International Journal of Chemical Science 9(3), 960- 968.

39. **Singha PK, Roy S, Dey S.** 2003. Actividade antimicrobiana de *Andrographis paniculata*. Fitoterapia 74(7-8), 692-694.

40. **Sivananthan M, Elamaran M.** 2013. Avaliação *in vitro* da actividade antibacteriana do extracto de clorofórmio *Andrographis paniculata* folhas e raízes, casca de madeira de *Durio zibethinus* e folhas de *Psidium guajava* contra estirpes bacterianas seleccionadas. International Journal of Biomolecule and Biomedicine 3(1), 12- 19.

41. **Sule A, Ahmed QU, Latip J, Samah OA, Omar MN, Umar A, Dogarai BB.** 2012. Actividade antifúngica de extractos de *Andrographis paniculata* e princípios activos contra estirpes de fungos patogénicos para a pele in vitro. Biologia Farmacêutica 50(7), 850- 856, http://dx.doi.org/10.3109/13880209.2011.641021

42. **Tang LIC, Ling APK, Koh RY, Chye SM, Voon KGL.** 2012. Rastreio da actividade anti dengue em extractos metanólicos de plantas medicinais. Complemento Central Biomédico de Medicina Alternativa 13, 12-13, http://dx.doi.org/10.1186/1472-6882-12-3

43. **Vetriselvan S, Rajamanikkam V, Devi P, Subasini, Arun G.** 2010. Avaliação comparativa da actividade hepatoprotectora de *Andrographis paniculata* e *Silymarin* em etanol induziu hepatotoxicidade em ratos albinos wistar. Der Pharmacia Lettre 2(6), 52- 59.

44. **Wasman SQ, Mahmood AA, Chua LS, Alshawsh MA, Hamdan S.** 2011. Actividades antioxidantes e gastroprotectoras de *Andrographis paniculata* (Hempedu Bumi) em ratos Sprague Dawley. Jornal Indiano de Biologia

Experimental **49(10),** 767772.

45. **Wiart C, Kumar K, Yusof MY, Hamimah H, Fauzi ZM, Sulaiman M.** 2005. Propriedades antivirais dos diterpenos ent-labdenos de *Andrographis paniculata* nees, inibidores do vírus do herpes simplex tipo 1. Phytotheraphy Research **19(12),** 1069- 1070.

46. Agarwal SS. Desenvolvimento de formulações hepatoprotectoras a partir de fontes vegetais, Farmacologia e

47. Therapeutics in the New Millennium, Nova Deli, 2001:357-358.3.

48. As sementes de Arulkumaran KS, Rajasekaran A, Ramasamy A, Jegadee-san M, Kavimani S e Somasundaram A. As sementes de Cassia rox-burghii protegem o fígado contra os efeitos tóxicos do etanol e do carbontetracloreto em ratos. Int J Pharm- Tech Res. 2009;1(2):273-246.

49. Achuthan CR, Babu BH e Padikkala J. Antioxidant and Hepatoprotective effects of Rosa damascene, Pharmaceut Biol. 2003;41:357-361.

50. Aniya Y, Miyagi A, Nakandakari, Kamiya N, Imaizumi N e Ichiba T. Acção de limpeza radical livre da erva medicinalLimonium wrightii das ilhas Okinawa. Fitomedicina. 2002;9:239-244.

51. Ansari RA, Tripathi SC, Patnaik GK e Dhawan BN. Propriedades antihepatotóxicas do picroliv: uma fracção activa de rizomas de Picrorhiza kurrooa. J Etnopharmacol. 1991;34(1):61-8.

52. Ajay KG e Neelam M. Hepatoprotectora de extracto aquoso e etanolico de camomila capitula em ratos albinos tóxicos com paracetamol. American J Pharmacol Toxicol. 2006;1(1):17-20.

53. Bardhan P, Sharma SK e Garg NK. Efeito in vitro de um remédio hepático ayurvédico sobre enzimas hepáticas em ratos tratados com tetracloreto de carbono. Jornal Indiano de Investigação Médica. 1985;82:359-364.

54. Budavari S, O Índice Merck: An Encyclopedia of Chemicals, Drugs and Biological, 12th Edition, New York Merck & Co. Inc., Whitehouse Station,

1996:1674.

55. Chaterjee TK. Plantas Medicinais com Propriedades Hepatoprotectoras, Herbal Options, Books & Allied (P) Ltd., Calcutá, 2000:155.

56. Chander R, Dwivedi Y, Rastogi R, Sharma SK, Garg NK, Kapoor NK e Dhawan BN Avaliação da actividade hepatoprotectora do picroliv de Picrorhiza kurroa em Mastomys natalensis infectado com Plasmodium berghei. Int J Medicinal Res. 1990;92:34-7.

57. Chattopadhyay RR, Sarkar SK, Ganguly S, Banerjee RN, Basu TK e Mukherjee A. A actividade Hepatoprotectora das folhas de Azadirachta indica no paracetamol induziu danos hepáticos em ratos. Indian J Exp Biol. 1992;30(8):738- 40.

58. Chandra T, Sadique J e Soma Sundram S. Efeito da Eclipta alba na inflamação e lesões hepáticas. Fitoterapia. 1987;58(1):23-32.

59. Chopra RN, Nayar SL e Chopra IC. In: Glossário de plantas medicinais, Publicação SIR, Nova Deli, 1966:104.

60. Chang-Chi H, Hsun-Lang F e Wen- Chuan L. Efeito inibidor de Solanum nigrum na fibrose hepática induzida por tioacetamida em ratos. J Etnopharmacol. 2008;119:117-121.

61. O extracto de semente de feno-grego (Trigonella foenum graecum) previne a toxicidade induzida pelo etanol e a apoptose nas células do fígado chang Subramanian Kaviarasan, Nalini Ramamurty,

62. Palani Gunasekaran, Elango Varalakshmi e Carani Venkatraman Anuradha. Álcool e Alcoolismo. 2006;41(3):267-273.

63. Gupta AK, Chitme H, Dass SK e Misra N. Actividade antioxidante de extractos metanólicos de Camomila recutita capitula contra lesões hepáticas induzidas por CCl4 em ratos Journal of Pharmacology and Toxicology. 2006;1(b):101- 107.

64. Handa SS e Sharma A. Hepatoprotecção da actividade andrographolide da Andrographis paniculata contra o carbontetracloreto. Indiana J Med Res. 1990;92:276- 83.

65. Handa SS, Sharma A e Chakraborti KK. Produtos naturais e plantas como fármacos protectores do fígado. Fitoterapia. 1986;57(5):307-352.

66. Hui-Mei L, Hsien-Chun T, Chau-Jong W, Jin-Jin L, Chia- Wen L e Fen-Pi C. Efeitos Hepatoprotectores do extracto de Solanum nigrum Linn contra danos oxidativos induzidos pelo CCl4 em ratos, Chemico Biological Interactions. 2008;171:283- 293.

67. Hanefi Özbek, Serdar Ugras, Irfan Bayram, Ismail Uygan, Ender Erdogan, Abdurrahman Öztürk e Zübeyir Huyut. Efeito Hepatoprotector do óleo essencial de Foeniculum vulgare: Um modelo de fibrose hepática induzida por tetracloreto de carbono em ratos. J Lab Anim Sci. 2004;1:3.

68. Efeito Hepatoprotector do óleo essencial de Foeniculum vulgare: Um modelo de carbontetracloreto de fígado induzido em ratos. por Hanefi Özbek, Serdar Ugras, Irfan Bayram, Ismail Uygan, Ender Erdogan, Abdurrahman Öztürk1, Zübeyir Huyut1.Scand. J Lab Anim Sci. 2004;3(1).

69. Sultana S, Perwaiz S, Iqbal M e Athar M. Extractos brutos de plantas hepatoprotectoras, Solanum nigrum e Ci-chorium intybus inibem os danos do ADN mediado por radicais livres. J Etnopharmacol. 1995;45:189-192.

70. Somchit MN, Sulaiman MR, Noratunlina R e Ahmad Z. Efeitos Hepatoprotectores dos rizomas Curcuma longa em lesões hepáticas induzidas por paracetamol em ratos, Actas do Simpósio Regional sobre Ambiente e Recursos Naturais. 2002;1:698-702.

71. Simandi B, Deak A, Ronyani E, Yanxiang G, Veress T, Lemberkovics E, Then M, Sass-Kiss Ä e Vamos- Falusi Z. Extracção de dióxido de carbono supercrítico e fraccionamento de óleo de funcho. J Agric Food Chem. 1999;47:1635- 40.

72. Stickel F e Schuppan D. Ervas medicinais no tratamento de doenças hepáticas. Doenças digestivas e hepáticas. 2007;39:293-304.

73. Saxena S, Sharma R, Rajore S e Batra A. Isolamento e identificação do flavonóide .Vitexin. de Jatropha curcas L. Jour Pl Sci Res. 2005;21:116.

74. Saleem MTS, Christina AJM, Chidambaranathan N, Ravi V e Gauthaman K. Hepatoprotective activity of Annona squamosa (Linn) on experimental animal model. Int J Applied Res Nat Pro. 2008;1(3):1-7.

75. Stickel F e Schuppan D. Ervas medicinais no tratamento de doenças hepáticas. Doenças digestivas e hepáticas. 2007;39:293-304.

76. Özcan M, Akgül A, Baser KHC, Özok T e Tabanca N. Composição de óleo essencial de funcho do mar (Crithmum maritimum) da Turquia, Nahrung/Food. 2001;45(5):353-6.

77. Pramyothin P, Samosorn P, Poungshompoo S e Chaichantipyuth C. Os efeitos protectores de Phyllanthus emblica Linn. Extracto em lesões hepáticas de rato induzidas por etanol. J Etnopharmacol. 2006;107(3):361-64.

78. Primchanien Moongkarndi, Nuttavut Kosema, Sineenart Kaslungka, Omboon Luanratana, Narongchai Pongpan e Neelobol Neungton. Antiproliferação, antioxidação e indução de apoptose por Garcinia mangostana (mangostão) na linha de células de cancro da mama humana SKBR3. Journal of Ethanopharmacology. 2004;90:161-166.

79. Karan M, Vasisht K e Handa SS. A actividade antihepatotóxica da Swertia chirata sobre paracetamol e galactosamina induziu a hepatotoxicidade em ratos. Investigação Fitoterápica. 1999;13(2):95-101.

80. Khosla P, Gupta DD e Nagpal RK. Efeito da Trigonella foenum graecum (Feno-grego) nos lípidos séricos em ratos normais e diabéticos. Jornal Internacional de Farmacologia. 1995;27:89-93.

81. Kokate CK, Purohit AP e Gokhale SB. Farmacognosia. 37ª ed. Nirali Prakashan, 2006:232, 233, 248, 249, 251.

82. Kapoor LD, CRC Handbook of Ayurvedic Medicinal Plants, Boca Raton, CRC Press, 1990:149-150.

83. Karandikar SM, Joglekar GV, Chitale GK e Balwani JH. Protection by indigenous drugs against hepatotoxic effect of carbon tetrachloride, um estudo a longo prazo,

Ac-ta Pharmacologia et Toxicologia (Copenhaga), 1963;20:274.

84. Khin MaMa, Nyunt Nyunt e Maung tin. Os efeitos protectores da Eclipta alba sobre o tetracloreto de carbono Induzido Dano Fígado Agudo. Toxicol e Pharmacol Aplicado. 1978;45:723-728.

85. Mukherjee S, Sur A e Maiti BR. Efeito Hepatoprotector da Swertia chirata no rato. Indian J Exp Biol. 1997;35(4):384-8.

86. Marina Nazneen, Md. Abdul Mazid, Joydev K Kundu, Sitesh C Bachar, Farida Begum e Bidyut K Datta. Efeitos protectores dos extractos de partes aéreas de Flacourtia indica contra a hepatotoxicidade induzida pelo paracetamol em ratos. Jornal da universidade de taibah para a ciência. 2009;2:1-6.

87. Murugaian P, Ramamurthy V e Karmegam N. Hepatoprotective activity of Wedelia calendulacea L. against acute hepatotoxicity in rats. Res J Agri & Biol Sci. 2008;4(6):685-687.

88. Maheswari C, Maryammal R e Venkatanarayanan R. Hepatoprotective activity of "Orthosiphon stami-neus" on liver damage caused by paracetamol in rats. Jordan J Ciências Biológicas. 2008;1(3):105-108.

89. Meena B, Ezhilan RA, Rajesh R, Hussain KS, Ganesan B e Anandan R. Potencial antihepatotóxico de Sargassum polycystum (Phaeophyceae) sobre o estado de defesa antioxidante em Dgalactosamina - hepatite induzida em ratos. African J Biochem Res. 2008;2(2):051- 055.

90. Mehra PN e Nanda SS. Farmacognosia de Bhringaraja. Droga antihepatotóxica de origem indiana. Ind J Pharm. 1968;30:284.

91. Madani H, Talebolhosseini M, Asgary S e Nader GH. Actividade Hepatoprotectora do Silybum marianum e do Ci-chorium intybus contra a tioacetamida em rato. Pak J Nutrition. 2008;7(1):172-176.

92. Niranjan A. Indian Journal of Natural Products and Resources. 2010;1(2):125-135.

93. Nahid Tabassum e Shyam. S. Agarwal. A actividade Hepatoprotectora de Eclipta alba hassk. contra o paracetamol induziu danos hepatocelulares em ratos. Medicina

experimental. 2004;11(4).

94. José Pedraza-Chaverri, Noemi Cardenas-Rodriguez, Marisol Orozco- Ibarra e Jazmin M. Perez-Rojas. Propriedades medicinais das mangas adolescentes (Garcinia mangostana). Journal of food and toxicology Elsevier. 2004;3:24-27.

95. Raj DS, Vennila JJ e Aiyavu C. Panneerselvam K. O efeito hepatoprotector do extracto alcoólico de folhas de Annona squamosa sobre o fígado induzido experimentalmente em ratos albinos suíços. Int J Int Bio. 2009;5(3):162-166.

96. Rosa MP e Gutiérrez, Rosario VS. Hepatoprotector e inibidor do stress oxidativo de Prostechea michuacana. Rec Nat Prod. 2009;3(1):46-51.

97. Tripathi KD. Essencial da Farmacologia Médica. 6ª ed. Jaypee brother's medical publishers, 2008.

98. Thyagarajan SP, Jayaram S, Gopalakrishnan V, Hari R, Jeyakumar P e Sripathi MS. Medicamentos fitoterápicos para doenças hepáticas na Índia. J Gastroenterol Hepatol. 2002;17(3):370-6.

99. Vadivu R, Krithika A, Biplab C, Dedeepya P, Shoeb N e Lakshmi KS. Avaliação da actividade hepatoprotectora dos frutos da Coccinia grandis Linn. Int J Health Res. 2008;1(3):163-168.

100. Vinodhini S, Malairajan S e Hazeena B. O efeito hepatoprotector das folhas de Bael (Aegle Marmelos) em lesões hepáticas induzidas por al-coholinduced em ratos albinos. Int J Sci & Tech. 2007;2(2):83 92.

101. Vinodhini singanan, Malairajan singanan e Hazeena begum. Efeito Hepatoprotector das folhas de bael (aegle marmelos)em ratos albinos induzido pelo álcool, revista internacional de ciência e tecnologia. 2007;2:83-92.

102. Monografias da OMS sobre plantas medicinais seleccionadas; volume II; OMS Genebra; editores AITBS, Índia; p12- 21, 300-310.

103. Warrier PK, Nambiar VPK e Ramankutty C, Foeniculum vulgare, Indian Medical Plants,3, 5, Chennai, 1996:492.

104. Aiyelaagbe O. O. e P. M. Osamudiamen, Rastreio Fitoquímico para Activos

105. Compostos em MangiferaIndica, Plant Sci. Res., **2(1)**, 11-13 (2009)...

106. Akbar S, *Andrographis paniculata*: Uma revisão das actividades farmacológicas e dos efeitos clínicos. *Alternative Medicine Review* 16, 66-68, 2011.

107. AliyuA. B., A. M. Musa, M. S. Sallau e A. O. Oyewale, Proximate Composition, Mineral Elements and Anti-nutritional Factors of AnisopusMannii N. E. Br. (Asclepiadaceae). Trends Appl. Sci. Res., **4(1)**, 68-72 (2009).

108. ChoudhuryS., C. H. Rahaman e S. Mandal, "Estudos sobre micromorfologia epidérmica das folhas, caracteres de elementos de madeira e rastreio fitoquímico de

109. três taxas medicinais importantes da família Convolvulaceae". Journal of Environment and Sociobiology". 2009. 6:2, 105-118.

110. Cordell GA. Biodiversidade e descoberta de uma relação simbiótica. Fitoquímica 55: 463-480, 2000

111. Dharmadasa R.M, Samarasinghe K, Adhihetty P, Hettiarachchi P.L, Avaliação Farmacognostica Comparativa de *MunroniaPinnata*(Wall.) Theob. (Meliaceae) e a sua substituição *Andrographis paniculata*(Burm.f.) Wall. Ex Nees (Acanthaceae) *World Journal of Agricultural Research, 2013, Vol. 1, No. 5, 7781*

112. Doss VA, Kalaichelvan, PT, Rastreio in vitro da actividade antimicrobiana e antioxidante do extracto de folha de *Andrographis paniculata* em Nadu Tamil,Int J Pharm PharmSci, Vol 4, Issue 1, 227-229

113. Edeoga HO, Okwu DE e Mbaebie BO. Fitoquímicos-constituintes de algumas plantas nigerianas. África J Biotecnologia. 2005;4(7): 685-688.

114. Farnsworth, N.R., Rastreio biológico e fitoquímico das plantas. *Journal of Pharmaceutical Science*. 55, 225-276, 1966

115. Hamill P, Brown K, Jenssen H, Hancock RE. Novel antiinfectives:será a defesa do hospedeiro a resposta? CurrOpinBiotechnol. 2008;19: 628-636.

116.   Harborne, J.B. Métodos fitoquímicos, Londres, Chapman & Hall Ltd. 1973, 49-188.

117.   Mishra PK, Singh RK, Gupta A, Chaturvedi A, Pandey R, Tiwari SP, Mohapatra TM, Actividade antibacteriana de *Andrographis paniculata* (Burm. f.) Wallex Nees leaves against clinical pathogens, Journal of Pharmacy Research 7 (2013) 459-462

118.   Negi AS, Kumar JK, Luqman S, Sbanker K, Gupta MM e Kbanuja SPS. Avanços recentes em hepatoprotectores vegetais: um perfil químico e biológico de algumas pistas importantes. Med Res Rev. 2008; 28(5): 821.

119.   Niranjan A, Tewari SK, Lehri A Biological activities of *Kalmegh* (*Andrographis paniculataNees*) and its active principles- A review, Indian Journal of Natural Products and Resources, 2010: 1 (2), 125-135

120.   Okeke, M.I., Iroegbu C.U., Eze, E.N., Okoli, A.S., e Esimone, C.O. Evaluation of the Extracts of the Roots of LandolphiaOwerrience forAnti-bacterial activity, J. Ethanopharmacol, 78, 119-127.2001

121.   Pinner R, Teutsch S, Simonsen L, Klug L,Grabers J, Clarke M, e Berkelman R. Trends in infectious diseases mortality in the United States. J.Am.Med.Assoc, 275:189-193, 1996

122.   Roy S, Rao K, Bhuvaneswari C, Giri A, Mangamoori LN, Análise fitoquímica do extracto de *Andrographis paniculata* e a sua actividade antimicrobiana Mundo J MicrobiolBiotechnol (2010) 26:85-91

123.   Salna KP, Sreejith K, Uthiralingam M, Mithu A Prince, John Milton MC e Albin T Fleming, A comparative study of phytochemicals investigation of *Andrographis paniculata* and *Murrayakoenigii, Int J Pharm PharmSci, Vol 3, Issue 3, 2011, 291292*

124.   Serviço RF. Antibióticos que resistem à resistência. Ciência, 270: 724-727, 1995

125.   Shah PM (2005) A necessidade de novos agentes terapêuticos: o que está a

ser preparado? ClinMicrobiol Infect 11:36-42

126.   Suparna D, Asmita P e Shinde P, Estudo das actividades antioxidantes e antimicrobianas da *Andrographis paniculata*Asian Journal of Plant Science and Research, 2014, 4(2):31-41

127.   Alli LA, Salwau.A et al. 2011, Antiplasmodial activity aqueous root extract of acacia nilotica. *AJBR* 5: 214-219.

128.   Arun A, Karthikeyan P, Sagadevan P, Umamaheswari R e Rex Peo R, (2014) Rastreio fitoquímico de *Sesbaniagrandiflora*(Linn), *International Journal of Biosciences and Nanosciences,* 1(2): 33-36

129.   Baker JT,Borris RP, Carte B, Cordell GA,Soejarto SD,Cragg GM, Gupta MP,Iwu MM,Madulid, *J. Natural.* Produto, 1995. 58, 1325-1357.

130.   Brindha P, Sasikala B e Purushothaman KK. BMEBR. 1981; 3(1):84-96.

131.   Chung, K.T. (1998). Tannins and human health: a review, *Criti Rev. Food. Sci. Nutr., 6:421-64*

132.   Clancy C J, et al., Characterizing the effects of caspofungin on *Candida albicans*, *Candida parapsilosis*, and *Candida glabrata* isolates by simultaneous timekill and post antifungal-effect experiments, Antimicrobial Agents and Chemotherapy (2006); 50(7):pp. 2569-2572.

133.   Colombo AL, Guimarães T, Epidemiologia das infecções hematogénicas devidas a *Candida spp*, Rev Soc Bras Med Trop (2003); 36(5):pp. 599-607.

134.   Edeoga HO, Okwu DE e Mbaebie BO. Constituintes fitoquímicos de algumas plantas nigerianas. África J Biotecnologia. 2005; 4(7): 685-688.

135.   Evans WC, Trease, Text Book of Pharmacognosy. ELBS, 3ª ed, (1994), pp. 177- 179 e, 247, Londres.

136.   Ghani, A, (1998). Medicinal Plants of Bangladesh; Publicado pela Asiatic Society of Bangladesh.

137.   Gobal Ahmad,Arina Z Beg, *Journal of Ethnopharmacology,*2001, 75, 113

- 123.

138.	Gowri SS e Vasantha K. *American- Eurasian Journal of Scientific Research.* 2010; 5:114-119.

139.	Guinea J, et al, Fluconazole resistance mechanisms in *Candida krusei*: the contribution of efflus-pumps", Medical Mycology (2006);44(6):pp. 575-578.

140.	Gupta C, P. Amar, G. Ramesh, C. Uniyal, A. Kumari, *African J. Microbiol. Res.*, 2008, 2, 258-261.

141.	Hakki M, Staab F, Marr KA, (2006) Emergência de um isolado de *Candida krusei* com susceptibilidade reduzida à caspofungina durante a terapia, Agentes Antimicrobianos e Quimioterapia 50(7): 2522-2524.

142.	Kaneria, M Baravalia, Y. Vaghasiya, Y Chanda, S. 2009, Determination of antibacterial and antioxidant potential of some medicinal plants from Saurashtra region, India, Indian Journal of Pharmaceutical Sciences, 71(4), 406-412.

143.	Kirtikarbasu, Indian Medicinal Plants, 2ª edição, *BishensinghMahendra pal Singh editoras*, 1991

144.	Kokate CK,Purohit AP, Gokhale SB, Pharmacognosy, 17ª edição, NiraliPrakashan, 2009, pp. 99, 231,185, 271, 445, Pune.

145.	Malviya R, Sharma R, et al, 2013, Agasthya (Sesbaniagrandiflora Linn.): Abordagem ayurvédica. UPJ, 02(04):1-5

146.	Mbatchou VC, et al, Actividades antibacterianas de extractos de cápsulas de sementes de *Acacia nilotica* selvagem a larvas de *Artemiasalina. Journal of applied biosciences* 2011; Vol 40: pp 2738-2745.

147.	Nandkarni, A.K. Indian MateriaMedica, (Ed.), Publicação Popular, 1927; 1, 52.

148.	Okwu, D.E. e Josiah, C (2006). Avaliação da composição química de duas plantas medicinais nigerianas. *Afri. J. Biotech.*, 5: 357-361

149.	Pimporn A, Srikanjana K, et al, 2011, Antibacterial activities of

Sesbaniagrandifloraextracts .Drug Discoveries & Therapeutics. *5*(1):12-17.

150.   Shi J, Arunasalam K, Yeung D, Kakuda Y, Mitta G. e Jiang Y (2004) Saponins de leguminosas comestíveis: química, processamento, e benefício para a saúde. *J. Med. Alimentação.* 7: 67-78

151.   Singh R, Singh, SK, Arora S (2007). Avaliação do potencial antioxidante do extracto/fracções de acetato de etilo de *Acacia auriculiformisA.* Cunn. Fod Chem. Toxicol., 45: 1216-1223.

152.   Suresh SN, Sagadevan, PS, Rathish Kumar e RajeshwariV (2011) Análise fitoquímica e potencial antimicrobiano de *Abitulonindicum*(Malvaceae). *IJPRD*, 4(2): 132-135.

153.   Ahsan, R., Islam, M., Bulbul, J. I., Musaddik, A. e Haque, E. (2009). Actividade Hepatoprotectora do extracto de Metanol de algumas plantas medicinais contra a hepatotoxicidade induzida pelo tetracloreto de carbono em ratos. Revista Europeia de Investigação Científica, **37(2):** 302-310.

154.   Amroyan E. Efeito inibidor do andrographolide de *A. paniculata* na agregação plaquetária induzida por PAF. Phytomed 1999; 6(1): 27-31.

155.   Amroyan E. Efeito inibidor do andrographolide de Andrographispaniculata na agregação plaquetária induzida pela PAF. Fitoplâncton. 1999; .6(1):.27-31.

156.   Borhanuddin M. Efeitos hipoglicémicos da AndrographispaniculataNees nos coelhos não-diabéticos. Bangladesh Med Res Counc Bull 1994; .20(1):.24-26.

157.   Cai Y, Luo Q, Sun M, Corke H. Actividade antioxidante e compostos fenólicos de 112 plantas medicinais tradicionais chinesas associadas ao anticancerígeno. *Life science*, 2004; 74: 2157-2184.

158.   Handa, S.S., Sharma, A., Chakarborti, K.K., 1986. Produtos naturais e plantas como fármacos protectores do fígado. Fitoterapia 57 (5), 307-351.

159.   Hikino H, Kiso Y. Produtos naturais para doenças hepáticas na investigação económica e de plantas medicinais. Vol 2, Academic press, Londres. 1988:39-72.

160.	Kakkar P, Das B, Viswanathan PN. Um ensaio espectrofotométrico modificado de superóxido dismutase. J BiochemBiophys indiano 1984; 21:130-2.

161.	Kalab M e Krechler, T. O efeito do agente heptoprotector Liv-52 nos danos hepáticos. CasLekCesk 1997; 136:758-60.

162.	Karan, M., K. Vasisht, e S.S. Handa, 1999. A actividade antihepatotóxica do Swertiachirata sobre o tetracloreto de carbono induziu a hepatotoxicidade em ratos. Phytotherapy Research., 13: 24-30.

163.	Mandal SC, Dhara AK, Maiti BC. Estudos sobre a actividade psicofarmacológica do extracto de Andrographispaniculata. Phytother Res 2001; 15(3): 253-256.

164.	MascoloN,SharmaR,Jain SC, Capasso F. J Ethnopharmacol 1998;22:211

165.	Okawa M, Kinjo J, Nohara T, Ono M. DPPH (1,1-difenil-2- picrylhydrazyl) actividade radical de limpeza de flavonóides obtidos a partir de algumas plantas medicinais. Biol Pharm Bull 2001; 24:1202-5.

166.	Oyagbemi, A.A. e Odetola, A.A. (2010). Efeitos Hepatoprotectores do extracto etanolico de Cnidoscolusaconitifoliuson paracetamol - danos hepáticos induzidos em ratos. Pakistan Journal of Biological Sciences, **13(4)**. 164-169.

167.	Pang S, Xin X, Stpierre MV. Determinantes da disposição metabólica. Rev. Pharmacol. Toxicol., 1992; 32: 625-626.

168.	Pitchaon M, Suttajit M, Pongsawatmani R. Avaliação do conteúdo fenólico e da capacidade de limpeza radical livre de algumas plantas indígenas tailandesas. *Food Chem,* 2007; 100, 1409-1418.

169.	Pokorny J, Yanishlieva N, Gordon M. Antioxidants in food, Practical Applications, Cambridge). Woodhead Publishing Limited, (2001) 1-3.

170.	Puri A. Agentes imunoestimulantes da Andrographispaniculata. J Nat Prod 1993; 56(7): 995-999.

171.	Rao, G.M.M., Rao, C.V., Pushpangadan, P. e Shirwaikar, A. (2005). Efeitos

Hepatoprotectores da rubiadina, um importante constituinte do *RubiacordifoliaLinn. Journal of Ethnopharmacology,* **103 (3).** 483-490.

172.   Sharma, A., K.K. Chakraborti e S.S Handa, 1991. Actividade anti-hepatotóxica de algumas formulações de ervas indianas, em comparação com a silimarina. Fitoterapia 62: 229-235.

173.   Singh N, Kamath V, Narasimhamurthy K, Rajini PS. Efeitos protectores do extracto de casca de batata contra lesões hepáticas induzidas por tetracloreto de carbono em ratos. Environ ToxicolPharmacol2008; 26: 241-6.

174.   Sinha AK. Ensaio colorimétrico de catalase. Anal Biochem 1972; 47:389-94.

175.   Sridevi K. Anticâncer e compostos imuno-estimuladores da Andrographispaniculata. J Ethnopharmacol 2004; 92(2-3): 291-295.

176.   Ward, F.M. e M.J. Daly, 1999. Doença Hepática. In:Farmácia e Terapêutica Clínica (Walker R.andC.Edwards Eds.). Churchill Livingstone, Nova Iorque, pp: 195-212.

177.   Zhang C, Kuroyangi M, Tan BK. Actividade cardiovascular de 14-deoxy-11,12-didehydro andrographolide na ratazana anestesiada e nos átrios direitos isolados. Pharmacol Res 1998; 38(6): 413-417.

178.   Zhao HY. Efeitos antitrombóticos dos Andrographispaniculataneos na prevenção do enfarte do miocárdio. Chin Med J (Engl.) 1991; 104(9): 770-775.

179.   Aebi H., Catalase invitro. *Methods in Enzymol.,***1984**, 105, 121-126.

180.   Aneja S, M Cubas, S Aggarwal, S Sardana, Fitoquímica e actividade hepatoprotectora do extracto aquoso de *Amaranthus tricolor* Linn. Roots Journal of Ayurveda & Integrative Medicine 2013 | Vol 4 | Issue 4 211-215

181.   Berhaut, J., 1976. Flore ilustrado do Senegal. Tome V Governo do Senegal, pp: 505-520

182.   Bhawna S, S Upendra Kumar Hepatoprotective activity of some indigenous plants, International Journal of PharmTech Research vol. 1, No.4, pp 1330-1334

183.   Duke JA, Handbook of Energy Crops (Não Publicado). Universidade Purdue. 1983.

184.   Fernandez-ChecaJc, Hirano T, Tsukamoto H, Kaplowitz N. Mitochondrial Glutanothione depletion in alcoholic liver disease, Alcohol 1993;10;469-475

185.   Ibrahim M, KZ Uddin e ML Narasu, actividade Hepatoprotectora de *extractos de serrato de Boswellia:* estudos in vitro e in vivo. International Journal of Pharmaceutical Applications, 2011, 2(1): 89-98

186.   KhinMaMa, NyuntNyunt e Maung tin: Os efeitos protectores da *Ecliptaalba* sobre o tetracloreto de carbono Induzido Danos Agudos do Fígado. Toxicol. E Pharmacol Aplicado. 1978; 45:723-728.

187.   Krasaekoopt W. and Kongkarchanatip A, Antimicrobial properties of Thai Traditional Flower Vegetable Extracts, A.U J.T. 9(2): 71 - 74, 2005.

188.   Lin CC, Yen MH, Lo TS, Lin JM. Avaliação da actividade hepatoprotectora e antioxidante de *Boehmerianivea* var. nivea e *B. niveavar.tenacisssima.* J Ethnopharmacol 1998; 60: 9-17

189.   Manokaran S , Jaswanth A, Sengottuvelu S , Nandhakumar J, Duraisamy R, Karthikeyan D, *et al.* A actividade Hepatoprotectora de *Aervalanata* Linn contra o paracetamol induziu hepatotoxicidade em ratos. Res J Pharm Tech 2008; 1: 398-400.

190.   Okawa M, Kinjo J, Nohara T, Ono M. DPPH (1,1-difenil-2- picrylhydrazyl) actividade radical de limpeza de flavonóides obtidos a partir de algumas plantas medicinais. Biol Pharm Bull 2001; 24:1202-5.

191.   Patel BA, Patel JD, Raval BP. A actividade Hepatoprotectora do *Sachharum officinarum* contra o paracetamol induziu a hepatotoxicidade em ratos. Int J Pharm Sci Res 2010; 1: 102-8.

192.   Ram VJ, Goel A (1999) Moeda. Med. Chem., 6, 217-254

193.   Roy CK, JV Kamath, M Asad, Heaptoprotectiveacitivity of *Psidiumquajava* Linn. Leaf extract, Indian Journal of Experimental Biology, 2006, 44: 305-311.

194.   Saraswat B, Visen PK, Patnaik GK, Dhawan BN. Investigações ex vivo e in vivo de picroliv de *picrorhizakurroa num* modelo de álcool em toxicologia em ratos. J Ethnopharmacol 1999; 66: 263-269

195.   Saxena AK, Singh B, Anand KK. Efeitos Hepatoprotectores da *Ecliptaalba* sobre os níveis subcelulares em ratos. J Ethnopharmacol 1993; 40: 155-161

196.   Schuppan D, Athionson J, Ruehl M, Riecken EO, Álcool e fibrose hepática - Pathobiochemistry and treatment. Z Gastroenterol, 1995; 33; 546-550.

197.   Sharma PC, Yelre HB e Dennis JJ. Base de dados sobre plantas medicinais utilizadas na publicação CCRAS, *Ayurveda*, 2005; 1 - 6.

198.   Sharma SK, Ali M, Gupta J. Avaliação de Drogas Hepatoprotectoras de Ervas Índias.

199.   Progresso recente em plantas medicinais (Fitoquímica e Farmacologia). Vol. 2. Houston: Research Periodicals and Book Publishing House; 2002. p. 253-70.

200.   ShyamKumar B, Gnanasekaran D, Jaishree V, Channabasavaraj KP. Hepatoprotective activity of *Cocciniaindicaleaves* extract, Int J Pharm Biomed Res., 2010, *1*(4), 154-156

201.   Torres-Duran PV, Miranda-Zamora R, Paredes-Carbajal MC,MascherD,Ble-Castello J, Diaz- Zagoya JC, Juarez-Oropeza MA. Estudos sobre o efeito preventivo dos máximos de Spirulina no desenvolvimento do fígado adiposo induzido pelo tetracloreto de carbono, no rato. J Ethnopharmacol 1999; 64: 141-147

202.   UkedaH; S Maeda; T Ishii; M Sawamura; *Anal. Biochem.***1997**, 251, 206-209.

203.   Vaidhyaratnum PSV. Plantas medicinais indianas. Um compêndio de 500 espécies. Volume V, Orient Longman, Madras, Índia, 1996; 17 -118.

204.   Zafar R, Mujahid Ali S. Anti-hepatotoxic effects of root and root callus extract Of *Cichoriumintybus* L. J Ethnopharmacol 1998; 63:227-231

205.   . Okokon JE, Nwafor PA, Noah K,Nephroprotective effect of *Croton zambesicusroot* extract against gentamicin-induced kidney injury, Asian Pacific Journal of Tropical Medicine (2011)969-972

206.   . Gardner CR, Laskin JD, Dambach DM, Sacco M, Durham SK, Bruno Mk, Choen SD, Gordon MK, Gerecke DR, Zhou P e Laskin DL. Redução da hepatotoxicidade da acetaminofena em ratos sem óxido nítrico sintase induzível: papel potencial da necrose tumoral de factor-alfa e interleucina-10. *Toxicol. Appl. Pharmacol.,* 2002; 184: 27-36.

207.   . Newton J, Hoefle D, Gemborys M, Mugede G e Hook J, Metabolismo e excreção de um conjugado de glutatião de acetaminofeno no rim isolado de rato. *J. Pharmacol. Exp. Ther.,* 1996; 237: 519-524.

208.   . Trumper L, Monasterolo LA e Elias MM. Probenecid protege contra a nefrotoxicidade *in vitro* induzida por acetaminofen em ratos Wistar machos. *J. Pharmacol. Exp. Therapeat.,* 1998; 283: 606-610.

209.   . Sarumathy K, M.S.DhanaRajan, T.Vijay,J.Jayakanthi, Evaluation of phytoconstituents, nephro-protective and antioxidant activities of *Clitoriaternatea,* Journal of Applied Pharmaceutical Science, 2011, 01(05): 164172

210.   . Ramesh K, Manohar S e Rajeshkumar S, actividade nefroprotectora de Extracto Etanolico de Folhas de *Orthosiphonstamineus* em Glicol Etileno induzido Urolitíase em Ratos Albino, Int.J.PharmTech Res, 2014, 6(1): 403-408

211.   . Movaliya V, Khamar D e ManjunathSetty M, actividade nefro-protectora de extracto aquoso de *Aervajavanicaroots* em Cisplatina induziu toxicidade renal em *ratosFarmacologiaonline1*: 68-74 (2011)

212.   Alam M, Khan H, Samiullah L, e Shakir Jamil S, Nephroptrotective activities of herbal plants and their products- a review, International Journal of Pharmaceutical Research and Development, 5(9): 032-049, (2013).

213.. Mohana Lakshmi S, UshaKiran Reddy T, e Sandhya Rani KS,A review on medicinal plants for nephroprotective activity, *Asian J Pharm Clin Res*, 5(4), 2012, 8-14

214. . Porter GA e Bennett WM. Nephrotoxic acute renal failure due to common drugs American journal of Physiology, 1981; 241(7): F1-F8.

215. . Hall JE. Livro de Texto de Fisiologia Médica. 12 ed. Philadelphia: Saunders Elsevier; 2011.p 307-326.

216. . Hare RS. Creatinina endógena em soro e urina. ProcSocExpBiol

217.   Med 1950;74:148-51.

218. . Singh RP, Shokala KP, Pandey BL Singh RG, Usha Singh RH (1992). Recent Approach in Clinical Experimental Evaluation of Diuretic Action of Punarnava (*B. diffusa*) with Special Reference to Nephrotic Syndrome. *Journal of Research and Education in India Medicine.* 7(1):29-35

219. . Saumya R. pani, Satyaranjan Mishra, Sabujsahoo e prasana K. Panda, (2011), Protective effect of herbal drug in cisplatin induced nephrotoxicity, *Indian journal of* pharmacology, 43(2): 200-202.

220. . R Bhavani, S Nandhini, B Rojalakshmi, R Shobana e S Rajeshkumar, (2014) Effect of noni (*Morindacitrifolia)* extract on treatment of ethylene glycol and ammonium chloride induced kidney disease, International Journal of Pharma Sciences and Research, 5(6): 249-256.

221. . Anil Kumar, Jyotsna Dora, Anup Singh e RishikantTripathi, (2012)A review on king of bitter (Kalmegh), International Journal of Research in Pharmacy and Chemistry, 2(1): 116-124

222.   Arhoghro E, Anosike E, Uwakwe A (2012)*O* extracto aquoso *mínimo de ócimos* aumenta a recuperação da nefrotoxicidade induzida pela cisplatina em ratos

Wistar albinos. Indian J. Drugs Dis, 1(5):129-142.

223.   Asiiley C (2004) Renal failure - how drugs can damage the kidney, Hospital Pharmacist, 11: 48-53

224.   Bhargavi K, DeepaRamani N, Janarthan M, Duraivel S (2013)Evaluation of nephro protective activity of methanolic extract of seeds of *Vitis vinifera* against Rifampicin and carbon tetra chloride induced nephro toxicity in wistar rats, Indian Journal of Research in Pharmacy and Biotechnology1(6): 803-807 .

225.   Bhusan SH, Ranjan SS, Subhangankar N, Rakesh S, Amrita B (2012) Nephroprotective activity of ethanolic extract of *Elephantophusscaber* leaves on albino rats, International Research Journal of Pharmacy, 3(5): 246-250.

226.   Boneses RN e Taussk HA (1945) Sobre a determinação colorimétrica da creatinina pela reacção Jaffe. J. Biol. Chem. 158: pp 581-591.

227.   Chatterjee P, Chakraborty B, Nandy S (2014) Review on nephroprotective activity study by different plant extract, Adv J Pharm Life sci Res, 2014 2(2):24-40

228.   Ghani A (1998) Medicinal Plants of Bangladesh; Publicado pela Asiatic Society of Bangladesh.

229.   Guyton, Arthur C, Hall, John E (2006) Text book of medical physiology 11 ed: p. 310.Philadelphia, Saunders Publisher.

230.   Harlalka GV, Patil CR, Patil MR (2007) Efeito protector de *Kalanchoe pinnataPers.* (Crassulaceae) sobre a nefrotoxicidade induzida pela gentamicina em ratos, Indian Journal of Pharmacology, 39 (4): 201-205.

231.   Heidenreich O, Neininger A, Schratt G, Zinck R, Cahill MA, Engel K, Kotlyarov, A, Kraft R, Kostka S, Gaestel M, Nordheim A (1999) MAPKAP kinase 2 phosphorylates serum response factor *in vitro* e *in vivo*. J BiolChem, 274:14434-14443

232.   Klose S, Stoltz M, Munz E, PortenhauserR (1978) Determination of uric acid on continuoussflow (Autoanlyser II and SMA) systems with a uricase/phenol/

4.amino phenazine color test. ClinChem, 24(2): 250-255.

233.   Kumar A, Kumari SN, D'Souza P e Bhargavan D (2013) Evaluation of renal protective activity of *Adhatodazeylanica* (medic) leaves extract in wistar rats, Nitte University Journal of Health Science, 3(4): 45-56

234.   Levey AS, Bosch JP, Lewis JB, Greene T, Rogers N, Roth D (1999) Um método mais preciso para estimar a taxa de filtração glomerular a partir da creatinina sérica: uma nova equação de previsão. Modificação da Dieta no Grupo de Estudo das Doenças Renais. Ann Intern Med. 130(6): 461-70.

235.   Lowry OH, Rosebrough NJ, Lewisfarr A, Randall RJ (1951)Medição da proteína com o reagente Folin sphenol, J. BiolChem, 193: 265-275.

236.   Masuda Y, Inoue M, Miyata A, Mizuno S, Nanba H (2009) Maitake p-glucan aumenta o efeito terapêutico e reduz a mielossupressão e a nefrotoxicidade da cisplatina em ratos. Int. Imunopharmacol. 9: 620-626.

237.   Nadkarn's K. M, The Indian Material MedicaVol -I, Bombay Popular Prakasan, Edição-2007, Página. 52-53

238.   Natelson S, Scott ML,Beffa C (1951) Um método rápido para a estimativa da ureia em fluido biológico. Am JClinPathol, 21: 275-281.

239.   Okokon JE, Nwafor PA, Noah K (2011)Nephroprotective effect of *Croton zambesicus* root extract against gentimicin-induced kidney injury, Asian Pac J Trop Med 4(12):969-72.

240.   Paller MS, Hoidal JR, Ferris TF (1984) Oxygen free radicals in ischemic acute renal failure in the rat, J Clin Invest; 74: 1156-1164

241.   Salma K, Nitha P, Mohan, Devi K, Rokeya S (2011) Papel protector de *Tinospora Cardifolia* contra a Nefrotoxicidade Induzida Cisplatina. J Int Pharm Sci3(4):268- 270.

242.   Singh P, Srivastava MM, Khemani LD (2009) Nephroprotective activities of root extract of *Andrographis paniculata* (Burm f.) Nees in Gentamicin induced renal failure in rats: Um estudo dependente do tempo. Archives of Applied Science

Research, 1(2):67-73.

243.   Sreedevi A, Pavani B, Bharathi K (2010) Efeito Protector dos Frutos de *Syzygium cumini* contra a Falha Renal Aguda em Ratos induzida por Cisplatina. Journal of Pharmacy Research. 3(11):2756-2758.

244.   Sundin DP, Sandoval R, Molitoris BA (2001) Gentamicina Inibe Proteína Renal e Metabolismo Fosfolipídico em Ratos: Implicações Envolvendo o Tráfico Intracelular. J Am SocNephrol, 12:114-123

245.   Venkateshwarlu G, Shantha TR, Shiddhamallayya N, Kishore KR (2012) Importância medicinal tradicional e ayurvédica das folhas de Agasthya (*Sesbania grandiflora*

246.   (L) Pers) W.R.T. a sua avaliação farmacognostica e físico-química, IJARP, 3(2): 193-197.

247.   Zoobi J e Mohd A, (2012) Uma avaliação experimental da actividade nefroprotectora das flores de *Salix caprea* (Salicaceae), International Research Journal of Pharmacy, 3(3): 139-142.

248.   Abu-Ghefreh, AA; Canatan, H e Ezeamuzie, CI (2009), "In vitro and in vivo antiinflamatory effects of Andrographolide", *IntImmunopharmacol*, 9,313-318

249.   Farnsworth NR: Instalações de rastreio de novos medicamentos. No Capítulo 9 em Biodiversidade. Editado por Wilson EO. Washington D.C: National Academy Press; 1988.

250.   Ferguson P, Kurowska E, Freeman D, Chambers A, Koropatnick D, A flavonoid fraction from cranberry extract inhibits proliferation of human tumor cell line. J Nutr. 2004; 134: 1529-1535.

251.   Hogland, HC, Complicações hematológicas da quimioterapia oncológica. *Semi Oncol*. 1982, 9, 95-102.

252.   Jemal A, Siegel R, Ward E, Hao Y, Xu J, Murray T, Thun MJ: Cancer statistics, 2008. CA Cancer J Clin 2008, 58:71-96.

253.	Joselin J, Jeeva S (2014) Andrographispaniculata: Uma revisão dos seus usos tradicionais, Fitoquímica e Farmacologia. Plantas Med Aromat 3: 169

254.	Park HJ, Kim MJ, Ha E, Chung JH. Efeito apoptótico da hesperidina através da activação da caspase 3 em células cancerosas do cólon humano, SNU-C4. Fitomedicina. 2008; 15: 147-151.

255.	Reed JC, Pellecchia M. Terapêuticas baseadas na apoptose para malignidades hematológicas. Sangue. 2005; 106: 408-418.

256.	Sundaram S, Verma SK, Dwivedi P 2011 *In Vitro* Cytotoxic Activity of Indian Medicinal Plants Used Traditionally to treat cancer. Asian Journal of Pharmaceutical and Clinical Research Vol. 4, Issue 1, 27-29

257.	Thanangkul P, Chaichantipyuth C (1985) Estudos clínicos de Andrographispaniculata sobre diarreia e disenteria. Journal of Ramatipodee Medical Sciences of Thailand 8: 57-62.

258.	Trivedi, NP e Rawal, UM (2001), "Hepatoprotective and antioxidant property of *Andrographispaniculata*(Nees) in BHC-induced liver damage in mice", *Indian J ExpBiol*, 39, 41-46.

259.	Vetriselvan, S; Rajamanickam, V; Muthappan, M e Gnanasekaran, D *et al* (2011), "Hepatoprotective effects of aqueous extract of *Andrographispaniculataagainst* ccl4 induced hepatotoxicity in albino wistar rats", *Asian Journal of Pharmaceutical and Clinical Research*, 4,3, 93-94

260.	Vijayan P, Vijayaraj P, Setty P, Hariharpura C, Godavarthi A, Badami S, Arumugam D, Bhojraj S. A actividade citotóxica dos alcalóides totais isolados de diferentes partes de Solanumpseudocapsicum. Biol Pharm Bull. 2004; 24: 528-530.

261.	Zaidan, MR; Noor, Rain A; Badrul, AR; Adlin, A; Norazah, A e Zakiah, I (2005), "Rastreio in vitro de cinco plantas medicinais locais para actividade antibacteriana utilizando o método de difusão em disco", *Trop Biomed*, 22,165-170

262.   Unno Y, Shino Y, Kondo F, Igarashi N, Wang G, Shimura R,Yamaguchi T, Asano T, Saisho H, Sekiya S, Shirasawa H. Terapia viral oncolítica para células cancerosas do colo do útero e ovário pela estirpe AR339 do vírus sindbis. Clin. Cancer Res. 2005; 11(12):4553-4560.

263.   Kanchana A, Balakrishna M. Efeito anti-cancerígeno das saponinas isoladas do extracto de *solanumtrilobatumleaf* e indução de apoptose nas linhas celulares do cancro da laringe humana. International journal of pharmacy and pharmaceutical sciences 2011; 3(4):356-364.

264.   Xu H, Yao L, Sung H, Wu L, Composição química e actividade antitumoral de diferentes polissacáridos das raízes *Actinidiaeriantha*, Carboidrato. Pol. 2009; Vol.78, 316-322

265.   Devi JS, Bhimba BV nanopartículas de prata: Actividade antibacteriana contra isolados de feridas &invitrocytotoxic activity on Human Caucasian colon adenocarcinoma, Asian Pacific Journal of Tropical Disease (2012)S87-S93

266.   Ismail M, Bagalkotkar G, Iqbal S, e Adamu HA, Anticancer Properties and Phenolic Contents of Sequentially Prepared Extracts from Different Parts of Selected Medicinal Plants Indigenous to Malaysia *Molecules* 2012, *17*, 57455756

267.   Cragg, G.M., Newman, D.J., Plants como fonte de agentes anti-cancerígenos. *J. Ethnopharmacol.* 2005, *100*, 72-79.

268.   Sangeeta Rani, Sudhir Chaudhary, Pradeep Singh, Garima Mishra, Jha KK, Khosa RL. CressaCretica Linn; Uma importante planta medicinal - Uma revisão sobre os seus usos tradicionais, propriedades fitoquímicas e farmacológicas. J.Nat.Prod.Plant Resour.2011;1(1):91-100.

269.   Kachroo V, Arun Kumar G, Rajesh G. Investigações farmacognosticas sobre

270.   *Sesbaniagrandiflora* (L.) Pers. Jornal Internacional de Ciências Farmacêuticas

271.   e Investigação. 2011; 2(4): 1069-1072.

272.   Mannetje L, Jones RM. Recursos Vegetais do Sudeste Asiático. N.º 4: Forragens. Pudoc Scientific Publishers, Wageningen.1992.

273. Kasture VS. Actividade antiolítica e anticonvulsiva de *Sesbaniagrandiflora* folhas Experimental animal. 2002; 16(5): 455-460.

274. Pari L, Uma A. Efeito Protector da *Sesbaniagrandiflora* contra o Estoato de Eritromicina - Hepatotoxicidade Induzida. Terapêutico. 2003; 58(5):439-443.

275. Vijay DW, Kalpana VW, Yogyata NT, et al. Aspecto Farmacologia Fitoquímica e Fitofarmacêutica de *Sesbaniagrandiflora.* Journal of Pharmacy Research. 2009;2(5):889-892.

276. Okonogi S, Duangrat C, et al, 2007,Comparação das capacidades antioxidantes e das citotoxicidades de certas cascas de fruta. FoodChem. 103:839-846.

277. Singh S, A. Mehta, S. Baweja, L.Ahirwal e P. Mehta, Anticancer activity of Andrographispaniculata and Silybummarianum of five human cancer cell lines, Journal of Pharmacology and Toxicology 8(1):42-48, 2013.

278. Cirla A, e J Mann, 2003. Combrestatins: Dos produtos naturais à descoberta de drogas. Nat. Prod. Rep., 20: 558-564

279. Conese M amd F Blasi, 1995 Theurokinase/urikinase-receptor system and cancer invasion, BaillieresClin. Haematol., 8: 365-389

280.   Kannappan N., Madhukar, Mariymmal, Uma sindhura P., Mannavalan R., "Evaluation of nephroprotective activity of *OrthosiphonstamineusBenth* extract using rat model", International Journal of PharmTech Research, 2010; 2 (3):209-215.

281.   Ruby Varghese,Mohammed Moideen M., Mohammed Suhail MJ., Dhanapal CK., "Nephroprotective effect of ethanolic extract of *StrychnospotatorumSeeds* in Rat Models", Research Journal of Pharmaceutical, Biological and Chemical Sciences, 2011; 2 (3): 521-529.

282.   VinitMovaliyaa,DevangKhamarb&ManjunathSetty M., "Nephroprotective activity of aqueous extract *ofAervaJavanicaroots* in cisplatin induced renal toxicity in rats", Pharmacologyonline, 2011;1:68-74.

283.   SubalDebnath, NileshBabre, Manjunath Y.S., Mallareddy,PabbaParameshwar e Hariprasath K., "Nephroprotective evaluation of ethanolic extract of the seeds of papaya and pumpkin fruit in cisplatin-induced nephrotoxicity", Journal of Pharmaceutical Science and Technology, 2010; 2 (6):241-246.

284.   Yogesh Chand Yadav., Srivastava D.N., VipinSaini., SaritaSinghal., Seth A.K.,Sharadkumar., Tejas K., Ghelani., Anujmalik., "Nephroprotective and curative Activity of methanolic extract of *FicusreligiosaL.* latex in Albino Rats Using Cisplatin Induced Nephrotoxicity", Pharmacologyonline, 2011;1:132-139.

285.   Shelke T. T., Kothai.R.,Adkar. P. P., Bhaskar.V.H.,Juvale. K.C., Kamble B.B. e Oswal R. J., "Nephroprotective activity of ethanolic extract of dried fruits of *Pedalium murex* Linn", Journal of Cell and Tissue Research, 2009; 9(1):1687-1690.

286.   Sreedevi. A., Bharathi K., Prasad K.V.S.R.G., "Effect of *Vernoniacinereaaerial* parts against Cisplatin-induced nephrotoxicity in rats", Pharmacologyonline, 2011;2: 548-555.

287.   Palani S., Raja S, Praveen Kumar R.,Parameswaran P., Senthil Kumar B., "Therapeutic efficacy of *Acoruscalamuson* acetaminophen induced nephrotoxicity and oxidative stress in male albino rats", ActaPharmaceuticaSciencia, 2010;52: 89100.

288.   Surendra K.,Pareta, Kartik, Patra C., RanjeetHarwansh, Manoj Kumar, Kedar Prasad, Meena, "Protective effects of *BoerhaaviaDiffusaagainst* AcetaminophenInduced nephrotoxicity in Rats",Pharmacologyonline, 2011;2:698-706.

289.   PalaniS., SenthilkumarB.,Praveen Kumar R., Devi K., Venkatesan D, Raja Sathendra E., "Effect of the ethanolic extract of *Indigoferabarberi (L)* in acute

Acetaminophen - Induced Nephrotoxic Rats", Advanced Biotech, 2008;(9):28-31.

290.   Palani S., Raja S., Praveen Kumar R., SoumyaJayakumar., Senthil Kumar B., "Therapeutic efficacy of *Pimpinellatirupatiensis* (Apiaceae) on acetaminophen induced nephrotoxicity and oxidative stress in male albino rats", International Journal of PharmTech Research, 2009; 1 (3):925-934.

291.   Eduardo Molina-Jijon, Edilia Tapia, Cecilia Zazueta, Mohammed El Hafidi, Zyanya Lucia Zatarain-Barron, Rogelio Hernandez-Pando, Omar Noel Medina-Campos Guillermo Zarco-Marquez, Ismael Torres, Jose Pedraza-Chaverri, "Curcumin previne danos por oxidante renal induzido por uma via mitocondrial", Food and Chemical Toxicology, 2011; FRB-10747: (1-15).

292.   Kore KJ*., Shete RV e Jadhav PJ., "Nephroprotective role of *A. MARMELOS* extract", International Journal of Research in Pharmacy and Chemistry, 2011; 1(3): 617-623.

293.   SarwarAlamM,GurpreetKaur,ZoobiJabbar,KaleemJaved,MohammadAthar, "*Erucasa ti va* sementes possuem actividade antioxidante e exercem um efeito protector na toxicidade renal induzida pelo cloreto mercúrico", Food and Chemical Toxicology, 2007;45:910- 920.

294.   Ranjan R., swarup D., Patra R C., Chandra, Vikas, "*Tamarindusindica* L. and *Moringaoleifera* M. Extract administration ameliorates fluoride toxicity in coelhos", Indian Journal of Experimental Biology, 2009; 47 (11):900-905.

295.   Ghaisas M.M., Navghare V.V., Takawale A.R., Zope V.S., Phanse M.A., "Efeito Antidiabético e Nefroprotector

296.   *ofTectonagrandis* L in alloxan induced diabetes", Arspharmaceutica, 2010; 51 (4):195- 206.

297.   Welta K., Weissa J., Martinb R., Hermsdorfc T., Drewsa S., Fitzla G., "Ginkgo biloba extract protege o rim de rato de danos diabéticos e hipóxicos", Fitomedicina, 2007;14:196-203.

298.   Kakasaheb J. Kore, Dr. Rajkumar V.Shete. Effect of Abutilon indicum

extract in gentamicin induced nephrotoxicity, IJPRD,2011;Vol 3(7): Outubro de 2011 (73-79).

299. Pracheta P., Veena Sharma, Lokendra Singh, RituPaliwal, Sadhana Sharma, SachdevYadav, Shatruhan Sharma, "Chemopreventive effect of hydroethanolic extract of *Euphorbia neriifolialeaves* against DENA-Induced renal carcinogenesis in mice", Asian Pacific J Cancer Prev, 2011;12:677-683.

300. KalyaniDivakar, Pawar A.T., Chandrasekhar S.B., Dighe S.B., GoliDivakar, "Protective effect of the hydro-alcoholic extract of *Rubiacordifolia* roots against ethylene glycol induced urolithiasis in rats", Food and Chemical Toxicology, 2010; 48: 1013-1018.

301. Mahgoub Mohammed AHMED e Safaa Eid ALI., "Protective effect of pomegranate peel ethanol extract against ferric nitrilotriacetate induced renal oxidative damage in rats", Journal of Cell and Molecular Biology, 2010; 7(2) & 8(1):35-43.

302. Yang JM, Chen CC. GEMDOCK: Um método evolutivo genérico para a doca molecular. Proteínas: Estrutura, Função e Bioinformática. 2004; 55:288-304.

303. Karlgren M, Vildhede A, Norinder N, Wisniewski JK, Kimoto E, Lai Y, Haglund U, Artursson P. Classificação de Inibidores de Polipéptidos de Transporte de Aniões Orgânicos Hepáticos (OATPs): Influência da Expressão de Proteínas nas Interacções Drogas. J.

304. Med. Quimioterapia. 2012; 55:10: 474-482.

Printed by Books on Demand GmbH, Norderstedt / Germany